种子种苗学综合实验指导

ZHONGZI ZHONGMIAOXUE
ZONGHE SHIYAN ZHIDAO

蒲至恩　李伟滔　主编

中国农业出版社
北　京

图书在版编目（CIP）数据

种子种苗学综合实验指导/蒲至恩，李伟滔主编．—北京：中国农业出版社，2022.3（2025.1 重印）
ISBN 978-7-109-29315-1

Ⅰ．①种…　Ⅱ．①蒲…　②李…　Ⅲ．①种子-实验②育苗-实验　Ⅳ．①S33-33②S359-33

中国版本图书馆 CIP 数据核字（2022）第 057832 号

中国农业出版社出版
地址：北京市朝阳区麦子店街 18 号楼
邮编：100125
责任编辑：史佳丽
版式设计：王　晨　　责任校对：沙凯霖
印刷：中农印务有限公司
版次：2022 年 3 月第 1 版
印次：2025 年 1 月北京第 2 次印刷
发行：新华书店北京发行所
开本：787mm×1092mm　1/16
印张：8.25
字数：190 千字
定价：55.00 元

编委名单

主　编：蒲至恩（四川农业大学）
　　　　李伟滔（四川农业大学）
副主编：郭世星（四川农业大学）
　　　　武晓玲（四川农业大学）
　　　　黄雪丽（四川农业大学）
编　委：蒋春先（四川农业大学）
　　　　余学杰（四川农业大学）
　　　　刘　洁（四川农业大学）
　　　　常小丽（四川农业大学）
　　　　王学贵（四川农业大学）
　　　　郭志富（沈阳农业大学）
　　　　赵晋铭（南京农业大学）
　　　　杨洪坤（四川农业大学）
　　　　王际睿（四川农业大学）
　　　　余　马（西南科技大学）

PREFACE 前言

农学相关专业涉及的实践和实验课程较多，尤其是实验室内容，而实验内容因根据教材所设较宽泛，各门课程间存在重复性，部分内容存在不适应现代农业发展和地方需求的现状。因此，按照教育部提出的重视实践教学要求，特别针对种子种苗生产组织编写了《种子种苗学综合实验指导》，以配合实践教学改革。

种子种苗作为国家种业“芯片”，在国家粮食安全的重大战略中占据重要地位，本实验指导涉及种子种苗种植、生产、加工贮藏等多个操作环节。在编写教材前期调研时发现，各门课程的实验内容理论和操作是分散的、碎片式的，学生对实验过程缺乏主动性的思考和分析，针对农学类专业有较多的实验需要学生较长时间地观察和记录的现实情况，编写一本系统性的、针对种子种苗生产的实验指导用书确有必要。为了加强课程之间的联系，设计了不同的实验内容，并注重各门课程之间的逻辑联系，辅助学生建立各门课程的知识点衔接，让所学知识融会贯通。

本教材的创新之处在于让学生明确掌握实验技能以及与理论的连接点，根据不同实验分步骤或分实验进度设置实验问题或作业，逐步引导学生在实验过程中持续观察、记录和思考，主动并完整地参与整个实验。本教材的编写将使农学类专业的实验体系更加系统、更有逻辑，符合学生对种子种苗的认知规律。操作前对实验有关理论知识和相关背景知识做了介绍，让学生对相关知识点有初步认识，也对理论知识有更深的理解。在阐明基本原理的基础上，引导学生主动思考、深入思考。

本教材由六门与种子种苗相关的课程实验内容组成。参与本教材编写的人员由四川农业大学、南京农业大学、沈阳农业大学、西南科技大学有相关科研和教学经验的15位教师组成。与小麦相关的实验由蒲至恩老师编写完成，与油菜相关的实验由郭世星老师编写，与玉米相关的实验由余学杰老师编写，与种苗繁殖、无性繁殖相关的实验由黄雪丽老师完成。蒲至恩负责统编全稿，李伟滔负责主审。本教材从2018年3月开始酝酿，2018年12月开始编写，到2019年12月完成初稿，经主编、副主编初审后反馈给各编者多次修改，最后由主编定稿。本教材编写过程中除了借鉴和引用参考资料外，还参考了一些自编教材和网站，特在此说明，并向相关作者表示衷心感谢。

由于本教材涵盖多学科内容，涉及多种实验技术，加之编者水平有限，书中难免存在不妥之处，恳请使用本教材的师生及读者提出宝贵意见，以便修订，不胜感激。

CONTENTS

目 录

课程一

节气与农事

实验一　节气与农事种植调查

一、实验目的

1. 了解不同节气的温度变化和物候现象。
2. 了解当地农业生产中不同作物的农时与农事。

二、实验原理

二十四节气是我国人民在长期的农业生产和生活实践中，根据太阳在黄道上的位置变化和地面气候演变次序，观察一年四季气象条件及其变化，以及它们与生产和生活之间的关系，总结出来的宝贵遗产。它是我国农耕文明的重要体现，直至现在，依然指导着农事活动，影响着人们的日常生活。

三、实验器具与材料

1. 实验材料　居住地周边的作物或其他作物，如水稻、玉米、小麦、油菜、马铃薯等。
2. 实验器具　铅笔、记录本等。

四、实验内容与步骤

1. 查阅有关农业书籍资料，了解当地农时、农事和节气之间的关系。
2. 以3月惊蛰、春分节气为例，记录每个节气15d的气温变化，做30d气温折线图，分析节气内和节气间的变化规律。
3. 调查或查阅马铃薯、玉米或水稻、油菜或小麦的主要农事环节，并制订部分农事月历。
4. 调查其他2～3种作物的物候现象，每个节气可间隔2～5d调查。

五、实验结果与思考

1. 记录不同节气15d气温（表1），并完成折线图。

表 1　各节气 15d 的气温变化

调查地点：

天数	节　气					
	惊蛰	春分				
1 d						
2 d						
……						
15 d						
日平均气温（℃）						

注：数字代表每个节气的 15d。

2. 制订主要作物的农事月历（表 2）。根据查阅和调查，农事月历请按照节气制订田间计划，农事活动从播种准备开始。或制作成含有解说或字幕的微视频，时间 6～10min。

表 2　农事月历制订表

节气	马铃薯	水稻（　）或玉米（　）	油菜（　）或小麦（　）

注：选择的作物请在（　）内打√。

3. 在相应的节气中观察作物的生长发育变化，拍照并编写表 3。或制作成含有解说或字幕的微视频，时间 6～10 min。

表 3　作物物候现象调查表

调查地点：

日期	节气	作物 1		作物 2	
		图片	描述	图片	描述

4. 如何根据降水、气温变化做好作物生长的管护？

5. 在查阅文献和调查中，你是否发现作物病害的发生存在规律？请举一个例子进行说明。

6. 假设你作为一名农业科技工作者，对节气内某一作物生产会做哪些指导？

实验二　不同节气的园艺植物种植管理

一、实验目的

1. 查阅资料，了解所选择植物种子的萌发条件，确定播种节气。

2. 通过种植、管理多种园艺植物，了解不同植物的生长习性以及相应的管理措施。

二、实验原理

早种则虫而有节，晚种则穗小而少实。植物的栽种有时有节，以种子繁殖的植物，其萌发条件也存在差异，因此，根据植物不同需选择不同时节进行播种。植物生长发育也与节气中的温度密切相关。本实验以露地栽培的园艺植物为载体，明确植物播种期、生长发育时期及其管理措施与节气的关系，通过本实验有助于学生理解节气对农事活动的指导意义，并掌握1～2种植物播种与管理的技术。

三、实验器具与材料

1. 实验材料　营养土及薰衣草、百日菊、碧冬茄等园艺植物种子。

2. 实验器具　营养钵、喷壶等。

四、实验内容与步骤

1. 查阅不同植物的生长习性、播种方法和管理措施。

2. 每人选择2～4种植物，同时记录种子形状，并拍照。

3. 将营养土装入营养钵中，距离钵边缘1～2cm，每种植物播种在一个营养钵内。播种时，需根据植物种子大小、植株形态初步确定种植密度。

4. 观察记录植物发芽时间，每隔4～7d记录幼苗生长情况并拍照，待幼苗长到一定高度，或自播种后20～50d，每钵间苗，使得幼苗保留适宜密度。

5. 在植物生育期，观察植株病虫害情况，并做好记录和拍照。

五、实验结果与思考

1. 根据实际观察结果并查阅相关资料，完成表4。

表4　植物类型及其种子情况调查表

植物名称	拉丁学名	科属	种子		萌发条件	休眠有无或原因
			外部特征描述	附图		

2. 记录植物生育期的管理细节，如水分、光照、病虫害防治等，附不同时期的图片，结合节气描述植物的生长发育进程，说明节气对植物生长发育的影响（表5）。

表5　植物生长发育记录表

植物名称	节气	管理	生育期特征描述		附图
			叶片	植株	

3. 总结你的植物种子播种技术管理经验、存在问题以及可能解决措施等。

实验三　冬马铃薯种植及栽培管理技术

一、实验目的

1. 熟悉冬马铃薯不同生育时期特点、品种间差异以及产量构成因素等。

2. 掌握冬马铃薯常规种植技术，了解节气变换与马铃薯生产发育的关系。

二、实验原理

西南地区是马铃薯生产的一个重要产区，春、秋、冬三季可生产。根据各地区气候差异，种植时间有很大的差异。四川、云南、贵州等平坝地区，可在冬季种植一季，11月中下旬播种，翌年4—5月收获，称为冬马铃薯。在冬马铃薯生产中，要选用抗病、稳产的品种，播种时需注意冻害的影响，适期播种、合理施肥，同时要预防晚疫病等病害。

植株农艺性状是栽培生产过程中用以衡量马铃薯植株生长状态及特点的一个指标，通常由株高、茎粗、主茎数、分枝数、叶面积指数、节数、节间长等组成。此外，影响马铃薯产量的指标有单株结薯数、单株薯鲜重、大中小薯率等。

三、实验器具与材料

1. 实验材料　蓉紫芋5号、兴佳2号、费乌瑞它或其他不同的马铃薯品种，甲基硫菌灵、滑石粉、复合肥等。

2. 实验器具　锄头、薄膜、皮尺等。

四、实验内容与步骤

1. 选地、整地　选择肥力中上等、土质疏松的壤土或沙壤土，不重茬的地块种植，深翻30cm左右。

2. 选择适宜的品种　马铃薯在栽培过程中种性退化较快，连续种植2年产量和品质明显下降，应选择品质较好的脱毒早熟种薯为宜。

3. 种薯处理　从块茎尾部根据芽眼数量及排列切成立体小三角形的若干小薯块，并保证每个小薯块含2个及以上健全芽眼，在靠近芽眼的地方下刀，利于发根。在切薯过程中，切刀需消毒，切后的薯块需用药（滑石粉＋甲基硫菌灵＋霜霉威·氟吡菌胺杀菌剂）拌种，防治虫害，以保证马铃薯苗期健壮生长。

4. 播种　以成都平原为例，大雪至大寒期间均可播种。起垄栽培，垄宽70～80cm，一垄双行，垄间开深10cm、宽20cm的浅沟，栽好种薯后覆土起垄。株距25cm，行距20cm，播种深度10cm。播种后需及时覆膜以避免低温冻害。根据播种时间，大寒至雨水节气间开始出苗，根据其长势观察记载不同生育时期及其特性。①发芽期。从下种到幼苗出土20～30d。②幼苗期。从出苗到团棵（从出苗到第6叶或第8叶展平，即完成一个叶序的生长，称为“团棵”），播种后30～45d。③现蕾期。从团棵到初花，播种后50～70d。④结薯期。从开花到茎叶枯黄，播种后70～120d。结薯期适宜温度为16～25℃，其中以

16～18℃最佳。当气温超过25℃时，马铃薯块茎生长缓慢，块茎内淀粉积累少。

5. 收获　立夏前后马铃薯成熟，地上部尚未枯萎，地下薯块皮较嫩易破皮，收获前3～5d除秧，助薯块表皮老化，提高薯块的商品性和耐贮性。收获时统计不同品种的单株结薯数、单株薯鲜重、大薯率、中薯率、小薯率以及小区产量等指标。

五、实验结果与思考

1. 调查表6中马铃薯的生物学特性。

表6　马铃薯生物学特性记录表

品种	播种日期	发芽期	幼苗期	现蕾期	结薯期	块茎颜色	块茎形状	芽眼数（个）	薯肉颜色

2. 收获时，每一品种统计10个单株的农艺性状以及每一品种单位面积总产量（表7）。

表7　马铃薯采收期农艺性状及产量记录表

品种	株高（cm）	茎粗（cm）	主茎数（条）	分枝数（条）	节数（个）	单株结薯数（个）	单株薯鲜重（g）	大薯率（%）	小薯率（%）	总产量（g）

3. 比较不同品种的特征，总结节气变化与马铃薯种植、生长发育及其过程中病虫害发生之间的关系。

实验四　甘薯育苗及种植技术

一、实验目的

1. 学习并初步掌握甘薯春季育苗及移栽、管理技术。
2. 了解甘薯种植与节气变换之间的关系。

二、实验原理

甘薯（*Ipomoea batatas* Lam）属于旋花科一年生或多年生蔓生草本植物，在热带为多年生，能开花结实，在温带为一年生，通常不开花或花而不实，多用于无性繁殖。由甘薯种子萌发形成的根称为种子根。芽苗及茎蔓繁殖时，在节上产生大量不定根，在生长过程中形成细根、柴根和块根三种形态不同的根。①细根又称纤维根，是由甘薯茎节上的不定根原基生长出来的，块根上也可长出纤维根，其主要作用是吸收土壤中的水分和养分。②柴根又称梗根或牛蒡根，是由须根在发育过程中分化而来的，直径约1cm，其木质化程度高，徒耗养分，无生产利用价值，应防止产生。③块根也叫贮藏根，是可食用的部分，分布在5～25cm土层中，先伸长后长粗，是甘薯植株生长过程中不断贮藏营养物质的器官。块根上能长出许多不定芽，可利用发芽习性进行薯块育苗繁殖。甘薯块茎表皮有根眼30～60个，单株结薯一般2～5个，薯块大小及数量取决于品种特性与栽培条件。

三、实验器具与材料

1. 实验材料 不同甘薯品种、尿素、除草剂等。

2. 实验器具 锄头、剪刀、铁锹、薄膜、皮尺等。

四、实验内容与步骤

1. 选用良种 选用鲜食口感好的甘薯脱毒种薯。

2. 培育壮苗 选择中等大小（150～220g）、皮色鲜明无病斑的健壮薯块，种薯密度为13cm×16cm。排种前可将种薯用70%甲基硫菌灵可湿性粉剂700倍液或25%多菌灵粉剂500倍液浸种10min。薯块头部朝上，底部朝下放置，后覆土，保证种薯不外露，也可用地膜覆盖保温。育苗要求苗全、苗齐、苗匀、苗壮。露地育苗要求土温14℃以上，可在清明至谷雨节气间进行。

3. 起垄 垄作有利于甘薯根系的吸收，同化物质的积累运转，以及块根的形成与膨大。一般在藤蔓封行前进行，起垄方式与规格：按1m分厢起垄，垄高30～40cm，垄面呈半圆形，每垄交叉插双行，行距40～50cm、株距26～33cm。

4. 移栽 适时早栽有利增产。平均气温稳定在18℃即可移栽，一般在芒种前后移栽为宜。剪苗时间要与移栽时间配合进行，一般苗高20～25cm剪苗。剪苗时要在离地2个节上平剪，随剪随栽。移栽方法有直插和斜插。①直插。在下透雨后土壤湿润时进行，薯苗较短，仅4～5个节，薯苗垂直入土2～3个节，外露1～2个节。优点是插苗较深，能吸收下层水分和养分，能抗旱耐瘠，成活率高，栽插省工；缺点是下部节入土太深，通风不良结薯少，单株结薯数较少。②斜插。高产栽培甘薯一般采用斜插法。要求薯苗有5～7个节，入土2～3个节，露出2～4个节。优点是单株结薯数增加，近土表易结大薯；缺点是抗旱能力比直插稍差。甘薯移栽后需要封闭除草，苗长至1m左右时需要进行翻藤晒垄，再次封垄后还要翻一次，利于根系生长，促进薯块膨大，防止薯藤徒长。

5. 施肥 甘薯为喜钾作物，对氮、磷、钾比例的要求多为2∶1∶3，宜采用底肥为主、重施钾肥的原则科学施肥。底肥在起垄时施入，追肥分两次施用。第1次在移栽成活后，新蔓长5～10cm时追施苗肥，施尿素75～105kg/hm^2，兑水淋蔸；第2次在移栽后50～60d，用30%甘薯专用肥150kg/hm^{2}加硫酸钾75kg/hm^{2}结合中耕条施追入。

6. 综合防治病虫害 甘薯病害主要有黑斑病、根腐病和薯瘟，主要防治措施是在选用抗病品种的基础上，注意合理轮作，在田间发现病株应及时拔除，并用70%敌磺钠1 000倍液淋蔸。害虫主要有甲虫、蛴螬、蚜虫等，注意清除田间杂草，田间虫害严重时可用10%氟啶虫酰胺水分散粒剂每亩35～50g进行防治。

7. 及时收获 甘薯的收获物块根是无性营养体，没有明显的成熟标志，收获期主要由气温决定。一般在当地平均气温下降到15℃左右开始收获，在寒露前后收获为宜。收获过早，缩短了块根膨大时间，产量和出粉率低，同时较高温度下收获的薯块容易引起“烧窖”，不能安全贮藏；收获过迟，低温造成薯块淀粉含量降低、糖分含量增加，出粉率降低，耐贮性降低。

五、实验结果与思考

1. 收获时，每一品种统计10个单株的性状以及每个品种小区总产量，完成表8（同一品种可采用不同移栽时间的实验设计）。

表8　甘薯单株性状及产量统计表

品种	育苗		移栽		块根表皮颜色	块根形状	薯肉颜色	单株结薯数（个）	大中薯率（%）	总产量（kg）
	时间	节气	时间	节气						

2. 比较不同品种或者同一品种不同移栽时间甘薯的产量及其有关性状。
3. 影响甘薯育苗质量的因素有哪些？

实验五　小麦拔节期和抽穗期病虫害观察

——以四川地区为例

一、实验目的

1. 掌握小麦条锈病和白粉病的田间识别及病害调查方法。
2. 掌握小麦蚜虫田间识别及种群密度调查方法。

二、实验原理

小麦病虫害的识别诊断和科学调查对其早期预测和有效防治具有重要意义。但发病过程是一个持续的过程，成都平原的小麦通常在小寒（1月5日）前后拔节，在春分（3月20日）前后抽穗，这一阶段是产量形成的关键时期，需着重观察该期间的病虫害变化。

小麦锈病俗称黄疸病，分为条锈病、秆锈病、叶锈病3种，在世界各小麦种植区均有发生，甚至大面积流行，尤以小麦条锈病发生最为普遍且严重。该病一般年份导致小麦减产10%～20%，流行年份减产30%～60%，甚至绝收。

小麦白粉病是小麦生产中的常发性病害，主要危害以叶片为主的地上部组织，导致叶片卷曲早枯，分蘖数减少，成穗率降低，千粒重下降，一般减产5%～10%，严重时达30%～50%。小麦白粉病由禾本科布氏白粉菌引起，布氏白粉菌可通过气流进行近远距离传播，导致大面积发生甚至流行成灾。

小麦蚜虫俗称油虫、腻虫、蜜虫，是小麦的主要害虫。危害小麦的蚜虫主要有麦二叉蚜、麦长管蚜、禾谷缢管蚜等，可对小麦进行刺吸危害，从而影响小麦光合作用及营养吸收、传导。小麦抽穗后集中在穗部危害，形成秕粒，使千粒重降低造成减产。小麦蚜虫还可传播病毒病，其中传播小麦黄矮病的危害最大。

三、实验器具与材料

1. 实验材料 处于拔节期和抽穗期的小麦植株（1月5日至3月20日，每隔5d调查一次）。

2. 实验器具 放大镜、记录表、铅笔、马克笔、智能手机或数码相机。

四、实验内容与步骤

1. 小麦条锈病症状识别及田间病害调查

（1）小麦条锈病症状识别。小麦条锈菌主要危害小麦叶片，也可危害叶鞘、茎和穗。病叶初见褪绿条斑，后逐渐形成鲜黄色隆起的疱疹斑（即病原菌的夏孢子堆），常沿叶脉排列成虚线条状，随后疱疹斑表皮破裂，散出大量鲜黄色粉末（即病原菌的夏孢子），随气流传播后继续危害周围健康叶片。后期环境不适宜时，病部形成狭长的黑色、扁平、短线状排列的冬孢子堆，埋在表皮之下，表皮不破裂。

（2）小麦条锈病病害评级及田间病害调查。

调查时期及叶位：小麦拔节期，调查小麦旗叶。

调查方法：选择当地小麦条锈病常发麦田，依据调查田块的特点选用合适的调查方法，如5点取样法，每个点调查20株，共调查100株。逐叶观察叶部发病情况，记录发病叶片数；并参照图1小麦条锈病严重度分级标准记录病叶严重度级别。病害严重度等级依据夏孢子占叶面积的百分比（1%、5%、10%、20%、40%、60%、80%和100%）分8个级别。

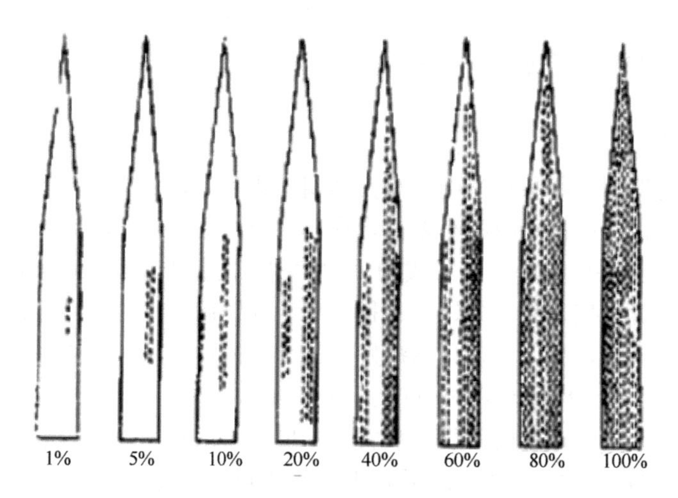

图1 小麦条锈病严重度分级标准——叶形图

（3）数据统计及分析。依据调查总叶片数及发病叶片数计算病叶率，依据病害严重度级别计算平均严重度，依据病叶率和平均严重度计算病情指数（表 9），计算公式如下。

$$病叶率=\frac{发病叶片数}{调查总叶片数}\times 100\%$$

$$平均严重度=\frac{\sum(各严重度级别\times 各级病叶数)}{调查总病叶数}$$

$$病情指数=病叶率\times 平均严重度\times 100$$

表 9　小麦条锈病田间调查统计表

调查日期：　　　　调查地点：　　　　调查品种：　　　　调查人：

调查点	调查株数（株）	发病株数（株）	病株率（%）	调查叶数（个）	发病叶数（个）	病叶率（%）	平均严重度	病情指数
1								
2								
3								
4								
5								

2. 小麦白粉病症状识别与田间病害调查

（1）小麦白粉病症状识别。小麦白粉病在小麦各个生育时期均可发生，主要危害叶片，严重时可危害叶鞘、茎秆和穗部。一般病斑多发生在叶片正面，有时在叶片背面可见，且下部叶片较上部叶片先发病、发病重。发生初期，病叶出现白色霉点，后逐渐扩大为椭圆形至不规则形的白色霉斑，霉斑表面有一层白色粉状物（即病原菌无性繁殖产生的分生孢子和分生孢子梗），严重时粉状霉层覆盖叶片大部或全部，影响植株光合作用。发病后期，病部霉层变为灰白色至浅褐色，病斑上散生针头大小的小黑粒点（即病原菌有性繁殖产生的闭囊壳）。霉层下及周围组织常褪绿，病叶早期易卷曲、早枯，茎和叶鞘受害后，植株易倒伏，重病株常矮缩、不抽穗。

（2）小麦白粉病田间病害调查。

调查日期：小麦拔节期至乳熟期。

调查田块：选定当地小麦白粉病常发田块 1～2 块，每块面积不低于 1 334m^2。

调查方法：采用 5 点取样法。田间白粉病零星发生时期，每点 100 片叶片，调查旗叶与旗下第 1、2 叶位，观察发病症状、调查记录病株数、病叶数；依据病叶上病斑菌丝层覆盖叶片面积占叶片总面积的比率（1%、5%、10%、20%、40%、60%、80%和 100%），将小麦白粉病的病害严重度分为 8 级（NY/T 613—2002《小麦白粉病测报调查规范》），观察并记录病叶的严重度级别。

数据统计及分析：依据上述小麦条锈病各参数计算公式，计算病叶率、平均严重度和病情指数，并记入表 10。

表 10 小麦白粉病田间调查统计表

调查日期： 调查地点： 调查人：

调查田块	调查品种	调查点	调查株数（株）	发病株数（株）	病株率（%）	调查叶数（个）	发病叶数（个）	病叶率（%）	平均严重度	病情指数
1		1-1								
		1-2								
		1-3								
		1-4								
		1-5								
2		2-1								
		2-2								
		2-3								
		2-4								
		2-5								

3. 小麦蚜虫田间识别与虫口密度调查

（1）小麦蚜虫田间识别。小麦蚜虫分为有翅蚜和无翅蚜，三种蚜虫识别特征如下。

麦二叉蚜：头胸部灰褐色，腹部淡绿色，腹背中央有深绿色纵线；腹管圆锥形，中等长度；有翅蚜前翅中脉二分叉。

麦长管蚜：头胸部暗绿色或暗色，腹部黄绿色至浓绿色，背腹两侧有褐斑 4～5 个。腹管管状，极长。有翅蚜前翅中脉三分叉。

禾谷缢管蚜：触角比身体短；头胸部暗绿色带紫褐色，腹部后方有红色晕斑；腹管短圆筒形，近端部呈瓶口状缢缩；有翅蚜前翅中脉三分叉。

（2）小麦蚜虫虫口密度调查。每块田单对角线 5 点取样，每点调查 50 株（当百株蚜量超过 500 头时，每点可减少至 20 株）。调查有蚜株数、蚜虫数量，记录结果并汇入表 11。

表 11 小麦蚜虫田间调查表

调查日期： 调查地点： 调查品种： 调查人：

调查点	调查株数（株）	有蚜株数（株）	蚜虫数量（只）			百株蚜量（只）
			有翅蚜	无翅蚜	合计	
1						
2						
3						
4						
5						
平均						

五、实验结果与思考

1. 调查并记录小麦条锈病和白粉病田间发生的普遍率及病情指数，拍照或视频记录病害的危害症状。

2. 调查并记录小麦田间蚜虫数量。

3. 查阅资料，明确如何对小麦病虫害进行防控，简单了解农药的作用机理。

4. 联系节气的温度和湿度与病虫害发生规律，请给出田间用药指导和建议。

实验六　两个不同节气下油菜病害观察

一、实验目的

了解油菜病害发生的条件和病害发生症状，学习病害的鉴定方法。

二、实验原理

某一病害的发生一般需要一定的条件，如温度、土壤湿度、空气湿度和土壤酸碱度等。我国油菜主产区的主要病害有菌核病、根肿病、白粉病、霜霉病、病毒病、白锈病、猝倒病等，这些病害常发生在油菜不同生长发育进程中，是影响我国油菜生产的重要因素之一。例如，成都平原的油菜在清明和谷雨时节处于青荚期，这个时期雨水充足、温度适宜，是油菜菌核病的主要发生时期，需要对病害进行密切观察。

三、实验器具与材料

1. 实验材料　油菜不同品系或品种10个。

2. 实验器具　直尺、吊牌等。

四、实验内容与步骤

1. 查阅文献了解某一季节油菜菌核病、霜霉病、病毒病和根肿病等病害的发病条件。

2. 查阅实验地点上述季节或节气近两年气温条件。

3. 在实验之前提前一至两个节气记录当地气温变化情况。

4. 根据前三步掌握的情况，初步预测油菜病害可能发生的时间和程度。

5. 在特定时间，调查田间油菜病害发病情况。

五、实验结果与思考

1. 油菜病害发生条件。从文献中查阅油菜各个病害的发生条件，并将相关数据填入表12中。

表12　油菜病害发生条件记录表

病害类型	温度范围	土壤湿度或空气湿度	其他
菌核病			

（续）

病害类型	温度范围	土壤湿度或空气湿度	其他
病毒病			
根肿病			
霜霉病			
白粉病			

2. 实时记录不同节气15d内某一时间点的温湿度等情况。将统计数据填入表13至表15中。

表13　不同节气温度记录表

节气	第1天	第2天	第3天	第4天	第5天	第6天	第7天	第8天	第9天	第10天	第11天	第12天	第13天	第14天	第15天

表14　不同节气湿度记录表

节气	第1天	第2天	第3天	第4天	第5天	第6天	第7天	第8天	第9天	第10天	第11天	第12天	第13天	第14天	第15天

表15　不同节气其他记录表

节气	第1天	第2天	第3天	第4天	第5天	第6天	第7天	第8天	第9天	第10天	第11天	第12天	第13天	第14天	第15天

3. 记录本地气温变化。该内容可结合实验一进行。

4. 根据前三步掌握的情况，初步预测油菜病害可能发生的时间和程度。

5. 查阅病害发生的等级划分依据，调查田间油菜病害的发病情况。各组调查不同品种病害发生情况，每个品种不低于60株，记录病害等级和发病株数，描述病害发生症状。根据病害发生程度，记录单株病害发生的等级，并计算病情指数和发病率，将结果填入表16中。

表16　不同节气病害等级及病情指数相关记录表

节气	病害不同等级的植株数（株）				病情指数	发病率（%）
	1级	2级	3级	4级		

注：依据不同病害划分病害级别有差异。

6. 你认为在生产上油菜病害的发生可以预测吗？你认为最好的预测方法是什么？
7. 油菜病害的发生除了受气温条件的影响，你认为还受哪些因素影响？

实验七　春季蔬菜嫁接技术及种植

一、实验目的

1. 了解嫁接技术要点。
2. 掌握嫁接的基本操作方法。

二、实验原理

嫁接是有目的地将植物优良品种植株上的枝或芽等组织接到另一株带有根系的植物上，使这个枝或芽接受另一株植物提供的营养，成长发育为一株独立生长的植物。采用嫁接繁殖的新植株，既能保持其母株的优良性状，又能利用砧木的有利特性。园艺植物嫁接技术是增加蔬菜和果树产量的有效措施之一，依靠砧木的抗性增强根系的吸收能力，还可防治某些顽固性病害，提升植株的抗病性。此外，嫁接还可以增强植株的适应性，使商品器官提早成熟。一般而言，嫁接方法有枝接、靠接和芽接，其中芽接还可分为“工”字形、“十”字形、T形，枝接可分为劈接和切接。不同植物可灵活采用不同的方法，同时在实践中也衍生出一些具体的嫁接方法，如西瓜的顶插接法和贴接法等。

三、实验器具与材料

1. 实验材料　砧木、接穗植株（茄子、番茄、马铃薯、瓜类），未嫁接植株作为对照（接穗来源的植株）。

2. 实验器具　刀片（用来切削蔬菜苗和砧木苗的接口，切除砧木苗的心叶和生长点，一般使用双面刀片）、营养土、育苗盘、嫁接夹等。

四、实验内容与步骤

（一）嫁接方法

蔬菜嫁接一般于3月10日（惊蛰前后），在温室或塑料大棚内进行，场地内的适宜温度为25～30℃、相对湿度在90%以上。

1. 顶插接法

（1）去砧木生长点。用刀片或竹签削除砧木的真叶及生长点。

（2）砧木的切削。用与接穗下胚轴粗细相同、尖端削成楔形的竹签，从砧木一侧子叶的主脉向另一侧子叶方向朝下斜插深约1cm，以不划破外表皮、隐约可见竹签为宜。

（3）接穗的切削。在子叶节下1～1.5cm处用刀片将其削成斜面长约1cm的楔形面。

（4）嫁接。将插在砧木的竹签拔出，随即将削好的接穗插入孔中，接穗子叶与砧木子叶呈“十”字状。

2. 靠接法

(1) 去砧木生长点。用刀片或竹签削除砧木的真叶及生长点。

(2) 砧木的切削。在子叶下0.5～1cm处用刀片向下斜削一刀，深度达茎粗的1/2。

(3) 接穗的切削。在接穗相应部位向上斜削，深度达茎粗的1/2，切口长度与砧木切口相同。

(4) 嫁接。将接穗切口嵌插入砧木茎切口，二者切口紧密结合在一起，用嫁接夹固定接口。

(5) 断根。嫁接后，把砧木、接穗同时栽入营养钵内，相距约1cm，接口距土面约3cm。7d后接口愈合，切断接穗根部，10～15d后除去嫁接夹。

3. 劈接法

(1) 去砧木生长点。用刀片或竹签削除砧木的真叶及生长点。

(2) 砧木的切削。从两片子叶中间将幼茎向下劈开，长度为1～1.5cm。

(3) 接穗的切削。将接穗幼茎削成楔形，削面长1～1.5cm。

(4) 嫁接。将削好的接穗插入劈口，接砧木与接穗表面平整，用嫁接夹固定。不同作物嫁接时间如下。

①瓜类。子叶充分展开，真叶显露时为嫁接适期。

②茄子。砧木3～4片真叶，接穗2～3片真叶，嫁接时保留1片真叶。

③番茄。砧木4～5片真叶，接穗2～3片真叶，嫁接时保留1片真叶。

(二) 嫁接苗管理要点

1. 温度管理 嫁接后8～10d为嫁接苗的成活期，对温度要求比较严格。此期的适宜温度是白天25～30℃，夜间20℃左右。4d后小通风，8d后可揭膜炼苗。25d左右进入三叶一心期可定植。嫁接苗成活后，对温度的要求不甚严格，按一般育苗法进行温度管理即可。

2. 相对湿度管理 嫁接结束后，要随即把嫁接苗放入苗床内，并用小拱棚覆盖保湿，使苗床内的相对湿度保持在90%以上，不足时要向畦内地面洒水，但不要往苗上洒水或喷水，避免污水流入接口内，引起接口染病腐烂。3d后适量放风，降低湿度，并逐渐延长苗床的通风时间，加大通风量。嫁接苗成活后，撤掉小拱棚。

3. 光照管理 嫁接当天以及嫁接后3d内，要用草苫或遮阳网把嫁接场所和苗床遮成花荫。从第4天开始，每天早晚让苗床接受短时间的太阳直射，并随着嫁接苗的成活生长，逐天延长光照时间。嫁接苗完全成活后，撤掉遮物。

4. 嫁接苗自身管理

(1) 分床管理。一般嫁接后第7～10天，把嫁接质量好、接穗苗恢复生长较快的苗集中到一起，在培育壮苗的条件下进行管理；把嫁接质量较差、接穗苗恢复生长也较差的苗集中到一起，继续在原来的条件下进行管理，促其生长，待生长转旺后再转入培育壮苗的条件下进行管理。对已发生枯萎或染病致死的苗要从苗床中剔出。

(2) 断根。靠接法在嫁接后的第9～10天，当嫁接苗完全恢复正常生长后，选阴天或晴天傍晚，用刀片或剪刀从嫁接部位下把接穗苗茎紧靠嫁接部位切断或剪断，使接穗苗与砧木苗相互依赖、共生。嫁接苗断根后的3～4d，接穗苗容易发生萎蔫，要进行遮阴，同时在断根的前一天或当天上午给苗钵浇一次透水。

(3) 抹除。抹杈和抹根砧木苗在去掉心叶后，其苗茎的腋芽能够萌发长出侧枝，应随长出随抹掉。此外，接穗苗茎上也容易产生不定根，不定根也应随发生随抹掉。

注意事项：①黄瓜冬茬嫁接苗要特别注意保温（苗床下设电热线），前 7d 苗棚气温白天要求 25～30℃，夜间 20℃左右，直插法接穗不能插入过深；②茄子劈接接穗需插到底愈合才会更好；③嫁接苗要随时摘除蘖芽；④嫁接苗定植时培土不可埋过愈伤处。

五、实验结果与思考

1. 统计嫁接成活率。分别调查 10 株正常生长的未嫁接植株与嫁接苗，比较其生长发育进程、商品器官大小及产量（表 17）。

表 17 嫁接苗和接穗植株的生长发育比较（平均值）

时间	类别	叶片数量（个）	叶面积（cm^2）	植株高度（cm）	商品器官长度（cm）	商品器官数量（个）	商品器官总重量（kg）	成活率（%）
	嫁接苗							
	未嫁接植株							
	嫁接苗							
	未嫁接植株							

注：测定叶面积时，取样位置应相同。

2. 不同科属作物之间能嫁接吗？例如，黄瓜和茄子能嫁接吗？为什么？
3. 你最想把哪两种作物嫁接在一起？试想一下有没有实现的可能性？如果有，试试看。

实验八 草莓脱毒种苗快速繁育

一、实验目的

1. 熟练掌握草莓脱毒种苗快速繁育的操作技术。
2. 熟悉草莓脱毒种苗快速繁育全过程。

二、实验原理

植物组织培养是利用细胞的全能性，将一定组织或器官，在无菌的条件下，进行离体培养，以获得完整植株的方法。通过切取草莓植株匍匐茎茎尖，茎尖剥离，病毒检测后获得快速繁育基础苗。当前，组织培养繁育法已广泛应用于草莓种质资源的保护、优良品种的扩繁和脱毒种苗的培育上。

三、实验器具与材料

1. 实验材料 草莓幼苗。

2. 实验器具 灭菌锅、超净台、剪刀、镊子、培养瓶、电磁炉、电磁锅等。

3. 实验试剂 75%乙醇、0.1% $HgCl_2$、MS基本培养基各种母液，植物生长调节剂NAA、6-BA、GA_3、IBA等。

4. 培养基 以MS为基本培养基，参照表18植物生长调节剂配比，蔗糖30g/L，琼脂6g/L，配制成不同草莓继代增殖培养基，pH调至5.8。

表18 草莓茎尖培养及继代增殖不同植物生长调节剂配比

培养基编号	培养阶段	NAA（mg/L）	6-BA（mg/L）	GA_3（mg/L）	IBA（mg/L）
1	继代增殖	0.5	0.5	0.1	/
2	继代增殖	0.1	1.0	0.05	/
3	生根培养	/	/	/	0.5
4	生根培养	/	/	/	1.0

培养条件：光照度为40 lx，光照时间为16h/d，温度为（23±2）℃，培养室培养。

四、实验内容与步骤

1. 将草莓脱毒种苗接种至继代增殖培养基（培养基编号1、2）。
2. 继代培养的植株长至4～6cm时，转接在不同生根培养基（培养基编号3、4）。
3. 待植株长出数条白色须根后，将瓶苗移到温室中，打开瓶盖炼苗3～5d，取出植株，洗去根部黏附的培养基，移入蛭石中，浇透水并浇适量的MS贮备液，保湿培养7d观察其成活率。
4. 当植株抽出新叶后，约20d可移栽到大田，7d后调查其成活率。

五、实验结果与思考

1. 观察并记录实验现象。
2. 筛选最佳继代增殖及生根培养培养基。
3. 谈谈脱毒种苗栽培的优势。
4. 在生产上通过茎尖脱毒技术获得无毒种苗的作物有哪些？推广应用前景如何？

实验九　马铃薯茎尖脱毒及种苗快速繁殖

一、实验目的

1. 掌握马铃薯茎尖脱毒及种苗快速繁殖技术。
2. 了解脱毒马铃薯在生产中的应用推广价值。

二、实验原理

植物病毒在马铃薯植株体内分布不均匀，即病毒的侵染速度稍慢于新生组织的生长速度，所以病毒茎尖（或根尖）等分生组织不含或含有少量病毒，在无菌等特殊环境和设备下，切取0.3～0.5mm的茎尖组织置于专用培养基上，经过培养使之长成幼苗，通过茎尖分生组织离体培养可获得无病毒植株。

三、实验器具与材料

1. 实验材料　马铃薯顶芽/侧芽。

2. 实验器具　超净台、剪刀、解剖刀、镊子、培养皿、解剖镜、灭菌锅、电磁炉、三角瓶、无菌滤纸等。

3. 实验试剂　75%乙醇、0.1% $HgCl_2$、MS基本培养基各种母液，植物生长调节剂NAA、6-BA、GA_3、B_9等。

4. 培养基　以MS为基本培养基，参照表19植物生长调节剂配比，蔗糖30g/L，琼脂6g/L，配制成不同茎尖培养及快速繁殖培养基，pH调至5.8。

表19　马铃薯茎尖培养及试管苗快速繁殖植物生长调节剂配比

培养基编号	培养阶段	基础培养基	NAA (mg/L)	6-BA (mg/L)	GA_3 (mg/L)	B_9 (mg/L)
1	茎尖培养	1/2MS	0.05	0.5	1.0	/
2	茎尖培养	1/2MS	0.05	1.0	0.5	/
3	茎尖培养	MS	0.2	0.5	1.0	/
4	茎尖培养	MS	0.2	1.0	0.5	/
5	快速繁殖	MS	0.05	/	/	5.0
6	快速繁殖	MS	0.05	/	/	10.0
7	快速繁殖	1/2MS	0.2	/	/	5.0
8	快速繁殖	1/2MS	0.2	/	/	10.0

培养条件：茎尖培养阶段，先黑暗培养10d，转接至光照度为40 lx，光照时间为14h/d，温度为(23±2)℃，培养室培养。

四、实验内容与步骤

1. 茎尖培养

(1) 材料预处理。将马铃薯块茎热处理(35～37℃) 28d后，盆栽，待苗长至3～5cm时，取其顶芽或侧芽，长度为1～2cm，用自来水冲洗1～2h。

(2) 在超净台上，先用75%乙醇浸泡15s，再用0.1% $HgCl_2$浸泡6～8min，最后用无菌水清洗3～5次，吸干水分后备用。

(3) 在解剖镜下，将材料置于无菌培养皿内，剥离微茎尖，带1～2个叶原基，接种到事先备好的表19中1～4号培养基上，培养60d后统计指标填入表20。

表20　茎尖成苗率和脱毒效果统计

培养基编号	茎尖数（个）	成活率（%）	成苗率（%）	脱毒率（%）

2. 快速繁殖

（1）将剥离后茎尖长至3～5cm完整植株后，可转入5～8号培养基中进行快速繁殖。

（2）接种时，切取茎段1.0～2.0cm（至少带1个腋芽），插入培养基中（注意极性），每瓶可接种5～10个茎段。培养30d后统计试管苗相关指标，填入表21。

表21　不同植物生长调节剂对马铃薯快速繁殖差异统计

培养基编号	接种苗数（个）	茎节数（个）	茎粗（mm）	株高（cm）

3. 病毒检测　采用酶联免疫吸附剂测定（ELISA）检测试管苗的脱毒效果，确认不带病毒的试管苗可进行大量扩繁，带有病毒的试管苗应全部弃掉。

4. 快繁　将确定无病毒的试管苗扩繁，20～30d后转接一代，多次转接后可获得大量健壮的试管苗。

5. 移栽　移栽入灭菌的蛭石∶珍珠岩=1∶1的营养钵中，成活后定植于田间。

五、实验结果与思考

1. 每人剥离接种5～10个马铃薯茎尖并培养，统计不同配方对茎尖生长及快速繁殖效率的差异，筛选最佳配方。

2. 为什么通过茎尖分生组织培养可以获得脱毒苗？脱毒技术在生产上有何意义？

实验十　园艺植物种苗扦插繁殖

一、实验目的

1. 了解园艺植物扦插育苗的原理、生产过程及影响扦插成活的因素。

2. 练习接穗采集、剪截、贮藏及扦插方法，初步学会接穗选择、切制及插后管理技术。

二、实验原理

利用植物营养器官具有再生能力，能产生不定根和不定芽的习性，切去植物根茎叶的一部分并插入基质中，使其生根或发芽，直至发育成一棵完整植株。

三、实验器具与材料

1. 实验材料　月季、紫薇、绣球、栀子、茉莉花等插穗枝条。

2. 实验器具　修枝剪、墙纸刀、喷水壶、塑料薄膜、盆、钢卷尺、竹棒、喷雾设备等。

3. 实验试剂　生长调节剂（生根粉、2,4-滴、NAA、IBA）、扦插基质等。

四、实验内容与步骤

1. 扦插时间　春分和清明期间开展（成都平原）。

2. 基质的准备　常用的基质有河沙、沙壤土、沙土、营养土等。其中，沙土生根率较低，多用于大面积的春季扦插；河沙生根率高，材料易获得，被广泛用于扦插育苗。

3. 插床的准备

（1）室内。育苗盘，准备营养土，提前一周用0.3%高锰酸钾或800倍液多菌灵（或百菌清）消毒基质苗床。

（2）大田。根据实验材料准备苗床宽度，将表层土碾细，起垄，易于排水。

4. 采集穗条　秋末冬初落叶后采条，春季在扦插前一周结合修剪时采条，要求枝条无病虫害、健壮、芽饱满。枝龄越大生根率越低，实生树枝条的生根率高于嫁接苗树枝条。

5. 插穗切枝　用修枝剪将粗壮、充实、芽饱满的枝条，剪成15～20cm的插穗，每穗带2～3个发育充实的芽和2～3片叶，叶片较大的枝条需剪去叶片1/2或1/3，以减少蒸腾。用墙纸刀处理切口，上切口距顶芽0.5～1cm，上切口平削、下切口斜削，切口要光滑。插穗切枝要在阴凉处进行，防止水分散失。

6. 插穗的处理　下切口用生根粉或自制生根液浸泡（依据不同植物材料及实验要求确定）。

7. 扦插

（1）扦插方法。先用略粗于插穗的木棒戳孔再放插穗，以防碰伤下端的形成层，插穗与基质垂直（基质要提前处理）。

（2）扦插深度。插穗入土深度为其长度的2/3，入土后应充分与土壤接触，避免悬空。

（3）扦插密度。以扦插后叶片互相不覆盖为宜。

（4）浇水。扦插后立即浇足水。

8. 管理工作

（1）遮阴。为了防止插条因光照增温，造成苗木失水，扦插后应置于阴棚下。

（2）喷水。扦插后立即浇1次透水，之后保持苗床浸润，连续晴天应早晚各喷水1次，1个月后逐渐减少喷水次数和喷水量。

（3）防治病害。扦插后隔半个月要结合喷水喷洒1次1 000倍液多菌灵，以防治病害发生。

（4）追肥。插条生根后，可揭去遮物，以延长光照，用0.2%磷酸二氢钾进行叶面喷施，每个月1～2次。

（5）移栽。苗根老化后，可将幼苗移植到苗圃地或单独的花盆中，以扩大营养空间，加快生长速度。

9. 注意事项　①防止倒插；②插穗与土壤密接；③粗细不同的枝条应分级扦插，以保证生长整齐，减少分化。

五、实验结果与思考

1. 促进枝条生根的方法有哪些？在生产中应注意哪些问题？

2. 怎样确定枝条扦插的最佳时间？

3. 选择自己感兴趣的一种植物设计扦插对照实验，课余时间在寝室或实验室实施（可自愿结成小组进行），做好插后管理工作并及时观察记录数据。

实验十一　作物生产实践综合实验Ⅰ（春季）

一、实验目的

1. 了解和认知所在地区春季部分粮食作物、蔬菜、果树、花卉，农田杂草及病虫害等。

2. 掌握主要代表作物从播种到收获的田间技术、生物学调查和田间测产等方法。

3. 培养学生认知作物田间种植技术和生物学观察的基本能力。

二、实验原理

根据作物的生长习性选择适宜春季种植的作物，在其整个生长发育周期中进行田间管理，包括除草、杀虫、施肥等。同时，观察记录作物的不同生长阶段，熟悉几种常见作物种子和植株的形态特征，以及不同的田间管理措施。

三、实验器具与材料

1. 实验材料　蔬菜、玉米、大豆种子与肥料。

2. 实验器具　薄膜、锄头、皮尺等。

四、实验内容与步骤

（一）春季蔬菜作物的种植、管理与营销方式

1. 选种　选择3～5种春季蔬菜作物，制订田间种植计划。综合考虑所选蔬菜的根系深度、植株高度、化感效应、温光需求、适宜播期、播种或栽植方式等，并考虑种植面积、收获时间和方式，统筹安排作物在田间的布局，制订田间种植计划。

2. 拍照并描述　播种或栽植前拍照种子、幼苗或栽植体，并描述种子、幼苗或栽植体特性。在生长发育阶段持续观察，完成表22。

表22　蔬菜生长观察记录表

作物类型	面积（m^2）	播种（移栽）日期	出苗日期	苗期		花期		收获期	
				叶片形态	叶片类型	初花时间	花的类型	果实类型	首次采收时间

3. 田间管理　密切关注各种蔬菜作物的生长，病虫害发生情况、田间杂草情况，及时除草、施肥和喷施农药（表23）。

表 23　蔬菜田间管理记录表

项目	内容
施肥时间、种类及用量	
间苗时间	
植株长势	
病虫害 1（药剂、施用时间、防治方式）	
病虫害 2（药剂、施用时间、防治方式）	
其他	

4. 计算　对收获的蔬菜，可采用营销获取效益，折算单位面积产值。

（二）净作和套作模式实验

1. 田间设计　采用玉米、大豆套作的模式。单因素实验设计，因素为种植条件，两个水平，重复 3 次，大豆净作和玉/豆套作。大豆和玉米均为当地主推品种。

2. 播种与管理　玉/豆套作采用宽窄行种植，种植 2 带，带宽 2cm。四川成都平原春玉米每年 3 月中下旬播种，种于窄行，种植 2 行，行距 0.4m，穴距 0.38m，每穴 2 苗；夏大豆 6 月中旬种于宽行，行距 0.5m，穴距 0.18m，每穴 2 株，与玉米相距 0.55m，行长 2m，小区面积 $8m^2$。净作大豆按行距 0.5m、穴距 0.18m 播种，行长 2m，小区面积 $8m^2$。田间管理按正常大田生产进行，玉/豆共生期 45d（表 24）。

表 24　净作、套作模式下大豆生长观察记录表

种植模式	重复	播种日期	播种量	出苗日期	花荚期	收获期	地上部鲜重（kg）	地上部干重（kg）	产量（kg）
大豆净作	Ⅰ								
	Ⅱ								
	Ⅲ								
玉/豆套作	Ⅰ								
	Ⅱ								
	Ⅲ								

（三）注意事项

1. 每个小班进行分组，每组人数不超过 4 人。
2. 每组内设 1 名主要负责人，全组统筹时间，发挥小组协作精神。
3. 每周至少进行 1 次田间观察与管理，幼苗期或雨水较多期间增加田间实践次数。

五、实验结果与思考

1. 计算不同种植方式下的产量效益

（1）产量效益是指耕作制度或种植方式所生产的目标产品的数量与质量。通常用经济产量和生物产量等指标表示。计算公式如下。

$$经济产量=\frac{目标产品总量}{总耕地面积}$$

$$生物产量=\frac{干物质总量}{总耕地面积}$$

（2）经济效益分析。不同种植方式或作物的经济效益评价主要指标有以下几个。

①成本与效益分析。

$$公顷成本=公顷物化劳动费+活化劳动费$$

$$千克成本=\frac{公顷成本}{公顷产量}$$

物化劳动主要是指生产过程中所消耗的各种生产资料。活化劳动是指劳动力消耗。

$$公顷产值=公顷产量\times 单价$$

$$公顷净产值=公顷产值-物化劳动费$$

$$公顷纯收入=公顷产值-物化劳动费-活化劳动费$$

②劳动生产率。是指单位时间生产的农产品数量或单位农产品所消耗的劳动时间，反映农产品数量与劳动消耗的数量关系。

$$劳动生产率=\frac{农产品总产值}{活化劳动消耗量}$$

③资金生产率。

$$每百元生产费用的产值=\frac{农产品总量}{生产费用投资总额}$$

2. 根据净套作模式的计算结果，对两种种植方式的资源利用率与经济效益做出评价与分析，你认为哪种更合理？

3. 根据你所在地区的气温、降水量和作物生育时期等资料，写出当地各作物的生产农事日历，并根据所学知识提出一种你认为效益最佳的改良种植方式。

实验十二　作物生产实践综合实验Ⅱ（秋季）

一、实验目的

1. 了解和认知所在地区秋季部分粮食作物、蔬菜、果树、花卉，农田杂草及病虫害等。

2. 掌握主要代表作物从播种到收获的田间技术、生物学调查和田间测产等方法。

3. 培养学生认知作物田间种植技术和生物学观察的基本能力。

二、实验原理

根据作物的生长习性选择适宜秋季种植的作物，在其整个生长发育周期中进行田间管理，包括除草、杀虫、施肥等。同时，观察记录作物的不同生长阶段，熟悉几种常见作物种子和植株的形态特征，以及不同的田间管理措施。

三、实验器具与材料

1. 实验材料　蔬菜、小麦、油菜种子与肥料。

2. 实验器具　薄膜、锄头、皮尺等。

四、实验内容与步骤

（一）秋季蔬菜作物的种植、管理与营销方式

1. 选种　选择3～5种秋季蔬菜作物，制订田间种植计划。综合考虑所选蔬菜的根系深度、植株高度、化感效应、温光需求、适宜播期、播种或栽植方式等，并考虑种植面积、收获时间和方式，统筹安排作物在田间的布局，制订田间种植计划。

2. 拍照并描述　播种或栽植前对种子、幼苗或栽植体进行拍照，并描述种子、幼苗或栽植体特性。在生长发育阶段持续观察，完成表25。

表25　蔬菜生长观察记录表

作物类型	面积（m^2）	播种（移栽）日期	出苗日期	苗期		商品器官		收获期重量（kg）		
				叶片形态	叶片类型	形成期	形状	时间1	时间2	时间3

3. 田间管理　密切关注各种蔬菜作物的生长、病虫害发生情况、田间杂草情况，及时除草、施肥和喷施农药（表26）。

表26　蔬菜田间管理记录表

记载项目	内容
施肥时间、种类及用量	
间苗时间	
植株长势	
病虫害1（药剂、施用时间、防治方式）	
病虫害2（药剂、施用时间、防治方式）	
其他	

4. 计算　对收获的蔬菜，可采用营销获取效益，折算单位面积产值。

（二）小麦播种密度试验

共有6个2m×2m小区，设置3个密度梯度，每个梯度2次重复，即每两组用同一个密度。请查阅相关资料明确四川特定生态条件下小麦的播种密度，进而明确4m^2地块的用种量。比较3种不同密度各个时期的形态特征（拍照），用文字说明差异，并解释原因（表27）。

第1～2组用第1个密度，第3～4组用第2个密度，第5～6组用第3个密度。

表27　不同密度小麦生长观察记录表

播种密度	播种日期	播种量	出苗日期	三叶期	分蘖期	拔节期	抽穗期	收获期

（三）小麦施氮量试验

共有6个2m×2m小区，设置3个施氮量梯度，每个梯度2次重复，即每两组用同一个施氮量。请查阅相关资料明确四川特定生态条件下小麦的施氮量，进而明确4m^{2}地块的施氮量（表28）。

第1～2组用第1个施氮量，第3～4组用第2个施氮量，第5～6组用第3个施氮量，各组均需计算每公顷所施的纯氮量，折算成尿素用量。

表28　不同施氮量对小麦生长影响观察记录表

施氮量	播种日期	播种量	出苗日期	三叶期	分蘖期	拔节期	抽穗期	收获期

（四）油菜施氮量试验

共有6个2m×2m小区，设置3个施氮量梯度（纯氮），每个梯度3次重复，即每两组用同一个施氮量。请查阅相关资料明确四川特定生态条件下油菜的施氮量，进而明确4m^{2}地块的施氮量（表29）。

第1～2组用第1个施氮量，第3～4组用第2个施氮量，第5～6组用第3个施氮量，各组均需计算每公顷所施的纯氮量。在田间施肥时，各组均需根据尿素所含纯氮量，将不同梯度的施氮量折算成相应的尿素用量。

表29　不同施氮量对油菜生长影响观察记录表

施氮量	播种日期	播种量	出苗日期	三叶期	五叶期	越冬期	抽穗期	收获期

（五）油菜生产效益评价

1. 实验设计　选用3～5个油菜品种或杂交新组合，种植在4m×2m的小区中，种植密度为6万株/hm^2，播种时按照600～900kg/hm^{2}施用复合肥。每一品种保留1行不摘取菜薹，作为对照，成熟期记录植株有效分枝数和产量。

2. 实验记录

（1）记录不同品种抽薹时间，第1次摘取主薹时，不同品种的主薹长度应一致，8～10cm并称重。当摘除主薹后，追施1次尿素（150～300kg/hm^2）。

（2）其后每隔1周摘取1次菜薹，菜薹长度不低于6cm，并称重。每摘取1次后均追施尿素。

（3）所有摘取菜薹当天调查菜薹价格。

（4）菜薹摘取至12月底后，保留每一品种单株至成熟期，收获产量将记录填入表30中。

表30　实验记录表

品种（含对照）	摘薹日期与重量						平均有效分枝数（个）	单株产量（g）	小区产量（kg）	折算公顷产量（kg）
	日期	重量（kg）	日期	重量（kg）	日期	重量（kg）				

五、实验结果与思考

1. 对实验过程进行全面观察和记录，填写相应表格，并综合评价实验结果，撰写实验报告。

2. 按照市场价格，计算油菜菜薹或油菜籽效益，折算单位面积产值。

3. 根据实验结果和所学知识，你认为油蔬两用型油菜或者菜薹专用型油菜应该具有哪些特点？

4. 根据实验结果和所学知识，你认为可以从哪些方面提高油菜产值，增加农民收入？

实验十三　间套作复合种植系统周年栽培管理虚拟仿真实验

一、实验目的

1. 了解不同气候条件下间套作复合种植系统在我国农业生产中的重要意义。

2. 理解间套作复合种植系统对气候资源的基本要求以及年季间作物的协调性。

3. 掌握间套作复合种植系统周年栽培不同作物播种、管理、收获等关键技术。

4. 明确间套作复合种植系统资源高效利用机理、提高对作物间套作复合种植生产的认识，为投身农学类相关工作奠定基础。

二、实验原理

间套复种是中华民族传统种植制度的瑰宝，具有充分利用资源、提高土地产出的优势，通过传承创新和落实国家大豆振兴计划，在现代农业生产中对缓解我国人多地少矛盾和粮食安全问题起到了重要作用。间套复种是一个综合性、系统性的种植制度，涉及品种筛选、田间配置、中期管理、农机农艺融合等关键技术，环节多、周期长（至少需要1～2年时间），农机农艺操作难度大，安全性要求高，导致实践和实验课程无法开设，学生无法真正领会间套复种的过程和全程机械化的应用，也无法真正理解间套复种在我国农业生产中的意义。因此，本实验以麦－玉/豆周年栽培管理为例，将理论教学中学习的单一作物、单一农机、单一管理等知识，通过虚拟仿真内容串联起来使学生全面理解麦－玉/豆种植系统资源高效利用及其生产实践价值。

三、虚拟仿真平台

虚拟仿真环境：Windows 10系统，双核处理器，4GB内存，谷歌浏览器。

虚拟仿真平台网址：http：//113.54.11:25:80/virexp/project/ilab/jtz。

四、实验内容与步骤

（一）麦玉豆周年管理实验准备环节

1. 虚拟仿真平台准备 通过谷歌浏览器打开四川农业大学虚拟仿真平台，点击开始实验和继续学习后，系统自动添加虚拟仿真模块，进入预习模块学习间套作高产高效原理，进入演练模块操作间套作各农艺农事环节。

2. 作物熟制判定 在虚拟仿真系统中，根据我国光温资源分布特点，选择熟制，准确判断一年一熟、一年两熟/两年三熟、一年两熟/一年三熟、一年三熟的适宜区域。

3. 间套作农用机械识别 在虚拟农用机械库中识别常用农用机械，区分农业动力机械、农业工作机械。区分旋耕机、播种机、喷药机和收割机（虚拟仿真操作：鼠标右键移动视野，W前进，S后退，A左走，D右走）。

4. 种子萌发率、播种量、田间配置模式和肥料管理方案的计算 在虚拟实验室中点击70%乙醇倒入种子中，消毒10min后用水清洗干净，再把10%过氧化氢倒入种子中，消毒30s后清洗干净。将消毒的60粒种子分3份放入培养皿，倒入20mL蒸馏水后放入培养箱24h观察种子萌发情况，分别计算小麦、大豆和玉米的萌发率。根据密度计算株行距配置模式，根据目标产量计算肥料用量和不同时期肥料施用量。

5. 实例计算

（1）假如有10hm^2农田需要小麦播种，基本苗为300万株/hm^2，千粒重为50g，萌发率为90%，田间出苗率为98%，请计算小麦的播种量。

（2）假如在麦玉豆种植系统中小麦行距为20cm，穴距为10cm，每穴播种6粒，发芽出苗率为90%，预期基本苗是多少？

（3）假如有10hm^2农田的小麦订单，假设每公顷纯氮需要180kg、五氧化二磷120kg、氧化钾120kg。其中，磷肥和钾肥一次性基施，氮肥采用基肥与追肥为7：3的模式施入。如购入了一批氮、磷、钾有效含量为18-18-18的复合肥，氮含量为46.7%的尿素，磷含量为18%的过磷酸钙，钾含量为55%的氧化钾。请计算怎么施小麦基肥和追肥才最节约成本？

（二）麦玉豆周年管理实验实施与虚拟仿真环节

1. 小麦种植带耕作、播种和施肥环节　完成小麦播前准备后，虚拟仿真系统时间自动设定为10月底。在系统中，可以通过鼠标右键和键盘W、S、A、D键调整视野。在虚拟仿真系统的农机房中，可以识别农业工作机械中的免耕播种机及各部分机械工作原理，观看动画后，明确该机械如何一次性完成土壤耕作、播种、施肥、覆土等作业。

2. 小麦生长发育进程识别与田间管理环节　完成小麦播种后，可以根据虚拟仿真动画识别出小麦分蘖、拔节、孕穗、抽穗、灌浆、成熟几个生育时期。判定生育时期后，施用拔节肥，在2月将杀虫剂、杀菌剂、磷酸二氢钾、尿素、植物生长调节剂等混合喷施，达到防病、防虫、防早衰、促粒重等多重目的。

3. 小麦生长季节后期套作玉米　完成小麦生育时期识别后，虚拟仿真系统时间自动进入4月，您需要根据玉米株型选择品种，在玉米种植带根据玉米种植密度、千粒重、萌发率、出苗率计算玉米播种量及配置方式，进行玉米的耕作、播种、施肥和田间配置作业。

4. 小麦种植带收获与测产环节　完成套作玉米播种后，虚拟仿真系统时间自动进入5月，您需要判断小麦收获适期，测定出小麦的理论产量，选择小麦收获机械进行收获作业。此时，玉米处于3叶期。

5. 玉米生育进程识别与田间管理环节　完成小麦收获后，虚拟仿真系统时间自动进入6月，可以根据虚拟仿真系统的动画判断出玉米各个生育时期的典型性状，适时进行施肥、喷药等管理。

6. 玉米生育期间套作大豆　完成玉米生育时期识别后，虚拟仿真系统时间自动进入6月，收获的小麦种植带可以进行大豆播种，根据大豆株行距、密度、萌发率、田间出苗率计算大豆播种量，画出配置模式，然后根据播种量和配置模式采用播种机械一次完成播种施肥覆土作业。

7. 玉米种植带收获与测产环节　完成套用大豆播种后，虚拟仿真系统时间自动进入8月初，根据虚拟仿真系统玉米呈现出的现象，判断出玉米的收获适期，测定玉米理论产量。此时，大豆处于营养生长期。

8. 大豆生育进程识别与管理环节　完成大豆生育时期识别后，虚拟仿真系统时间自动进入9月初，可以根据虚拟仿真系统呈现出的结果判断大豆的生育时期，适时施肥、喷药。

9. 大豆种植带收获与测产环节　完成玉米收获后，虚拟仿真系统时间自动进入10月，根据大豆产量构成计算出大豆理论产量。

10. 麦玉豆周年管理评价　根据麦玉豆种植系统收集的产量数据和单作大豆、单作小麦、单作玉米的产量计算土地当量比，分析我国西南地区麦玉豆种植系统实施间套作种植的意义及高产原理。麦玉豆虚拟仿真关键环节见图2。

11. 实例计算

（1）假如在麦玉豆种植系统中小麦种植带为2m，玉米种植带为2m，玉米密度为6万株/hm^2，玉米千粒重为320g，萌发率为95%，出苗率为98%，请计算玉米种植带的播种量。

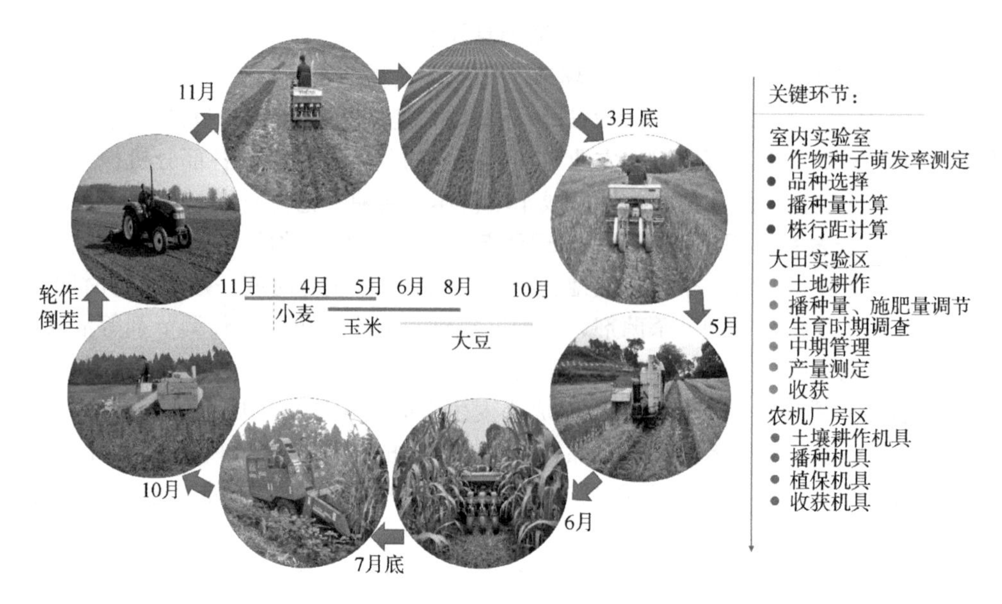

图2　麦玉豆周年管理虚拟仿真关键环节简介

（2）假如在2m的玉米种植带中，设置玉米密度为6万株/hm^2，行距为40cm，每穴单株，那么玉米株距该是多少？

（3）小麦种植带根据每平方米小麦有效穗数，换算得到小麦有效穗为450万穗/hm^2，平均每穗粒数为40个，千粒重为50g，收获后测定籽粒含水量为18%。请计算籽粒含水量为13.5%时的小麦产量。

（4）在10hm^2田块中，2m的种植带在小麦收获后播种大豆，假设大豆密度为10万株/hm^2，大豆百粒重为20g，萌发率为90%，出苗率为98%，请计算大豆种植带的播种量。

（5）在10hm^2田块中，2m的种植带在小麦收获后播种大豆，设置大豆密度为10万株/hm^2，行距为35cm，请计算大豆的株距。

（6）根据玉米种植带每平方米的有效穗计算得到玉米有效穗为4.5万个/hm^2，穗粒数为448个，千粒重为330g，请计算每公顷农田的理论产量。

（7）大豆株数为10万株/hm^2，单株有效荚数为70个，每荚有3个豆子，大豆百粒重为20g，请计算每公顷农田大豆的理论产量。

（8）麦玉豆种植系统中套作小麦产量为6 000kg/hm^2，套作玉米产量为7 500kg/hm^2，套作大豆产量为1 800kg/hm^2，假如以净作为对照，净作小麦产量为6 750kg/hm^2，净作玉米产量为8 250kg/hm^2，净作大豆产量为2 250kg/hm^2。请计算土地当量比和复种指数。

五、实验结果与思考

1. 土地当量比的意义是什么？间套作种植与单作相比有什么优点和缺点？

2. 在目前我国人均耕地少且劳动力严重缺乏的情况下，间套作有什么瓶颈需要解决？有什么方式可以最大地发挥间套作的优势？为什么间套作有明显的地域限制？

3. 小麦、玉米、大豆在一年中如何配置才能最有效利用时间和空间资源？

4. 麦玉豆周年管理涉及哪些关键管理环节？

实验十四　栽培管理方案优化与智能化模拟实验

一、实验目的

1. 了解并熟悉 APSIM 的运行原理和操作步骤。

2. 掌握模拟秸秆覆盖对土壤水分的影响。

3. 掌握模拟不同播期、不同种植密度、不同氮素水平下的作物生物量和产量，设计最优管理方案。

4. 明确 APSIM 模拟栽培管理技术对作物产量、水分利用效率和氮素利用效率智能化模拟的生理生态基础。

二、实验原理

现代智慧农业已较少依赖于经验，而更多依赖于播种前的精准设计、种植期间的精准诊断和收获前对作物产量及品质的精准预测。作物模拟利用计算机程序，可以定量和动态描述作物生长发育及产量形成对环境条件和栽培管理技术的响应，可以应用到栽培管理方案的优化，探索栽培管理方案对作物产量品质形成的影响，评估农业生产系统的综合表现及可持续发展能力。

三、软件下载地址与运行平台

ASPIM7.10，下载地址：https：//www.apsim.info/download-apsim/downloads/。

系统运行推荐配置：双核处理器，4GB 内存。

四、实验内容与步骤

1. 打开 APSIM User Interface　点击新模拟（New simulation），选择连作小麦（Continuous wheat apsim），系统模拟模块包括时间模块、气象模块、土壤模块、土壤水分与养分模块、栽培管理技术模块和模拟结果输出模块。模拟名称修改为 crop simulation。

2. 气象模块（met）　选择气象模块，显示出年、日序、光合有效辐射、最高温度、最低温度、平均温度和蒸腾。或者根据已知气象站数据，点击游览（Browse）将 Excel 格式站点气象数据保存为 txt 格式后，修改后缀为 met 格式，导入 APSIM User Interface。

3. 时间模块（clock）　选择模拟时间模块，输入需要模拟的开始日期和结束日期。

4. 土壤模块（soil）

（1）根据土壤特性在左下角土壤模块工具箱中选择沙壤土或者黏土。

（2）点击水分模块输入土壤储水量和不同土层体积含水量、土壤电导率（EC）和 pH 等参数。

（3）点击起始土壤氮素含量，输入不同土层铵态氮和硝态氮含量。

（4）残茬管理模块输入秸秆种类、碳氮比和秸秆覆盖量。

5. 作物管理模块（manager folder）

（1）修改作物类型为小麦、玉米或棉花。

（2）修改品种类型为 hartog、Lancer 或 dollarbird。

（3）修改播种深度、株行距配置、种植密度等参数。

6. 肥料模块（fertilizer） 点击管理模块中的播种前肥料管理（fertilise at sowing），在右侧脚本（script）中修改施氮量、氮素形态、氮素施用方案，或直接点击编程脚本修改肥料施用参数。

7. 模拟结果输出模块（output file） 点击输出模块中的变量，选择需要模拟的变量名称，如生物量、产量、蛋白质含量等。也可添加新的变量如径流、降雨、蒸腾压（VP）、土壤含水量（ESW）等参数。选择频率为每日模拟，保存后点击运行（RUN）模拟脚本，系统自动生成选中的变量数据。

8. 模拟结果可视化模块（graph） 在左下角 graph 图片工具箱中选择 xy 图片类型，拖入左侧 output file 模块。其中，可以选择某一固定日期为 X，生物量和产量为 Y，系统自动可视化不同时间小麦生物量和产量。同理，也可以可视化不同时间模拟出蛋白质含量，累积降雨等指标的变化趋势。

9. 模拟结果分析 根据上述结果请自行分别模拟出不同秸秆覆盖量、播期、密度、施氮量条件下的作物生物量、产量、土壤储水量与氮素利用效率等参数。得出该地区最优的栽培管理技术方案（表 31）。

表 31 不同栽培管理技术方案对小麦产量、蛋白质含量与氮素利用效率的影响

作物栽培管理技术		生物量（kg/hm²）	产量（kg/hm²）	蛋白质含量（%）	土壤储水量（mm）	氮素利用效率（%）	蒸腾量（mm）
秸秆覆盖量（kg/hm²）	0						
	1 000						
	2 000						
	4 000						
播期	9月15日						
	9月30日						
	10月5日						
	10月10日						
	10月15日						
密度（株/m²）	50						
	100						
	200						
	300						
	600						

（续）

作物栽培管理技术		生物量（kg/hm²）	产量（kg/hm²）	蛋白质含量（%）	土壤储水量（mm）	氮素利用效率（%）	蒸腾量（mm）
施氮量（kg/hm²）	0						
	75						
	150						
	225						

注：土壤储水量为各土层体积含水量、容重和土层厚度的乘积，氮素利用效率为小麦产量（kg）和施氮量（kg）的比值。

五、实验结果与思考

1. 根据你所学的作物栽培学知识和实验模块分析 ASPIM 模拟作物生物量和产量的原理？

2. 用你学过的作物栽培学知识分析秸秆覆盖、播期、密度、施氮量对产量产生影响的原理？

3. 如果你需要模拟同一栽培管理技术在不同生态点的影响结果，需要修改哪些参数就能获得较为准确的结果呢？

课程二

种子生物学

实验一　种子的形态和构造观察

一、实验目的

1. 掌握常见植物种子的外部形态特征及内部构造特点。
2. 辨别各主要科的果实和种子类型。
3. 了解种子显微构造。

二、实验原理

种子植物种类繁多，所产生的种子形态、构造各异。种子的形态和构造是进行种子清选分级、真实性鉴定及品种纯度检验的重要依据。熟练掌握主要作物的种子形态构造特点，正确运用种子的分类方法，是做好种子工作必须具备的基本技能。不同植物的种子，其形状、大小、颜色及构造千差万别。即使是同一植物的不同品种之间，也存在明显或细微的差别。利用感官、解剖及显微镜观察的方法，将不同类型、不同品种的种子差异进行量化、比较，可作为加工、检验种子的科学依据。

三、实验器具与材料

1. 实验材料　水稻、大麦、小麦、玉米、油菜、南瓜、蓖麻、甜菜、向日葵、荞麦、辣椒、番茄、棉花、大豆、芸豆、绿豆、芝麻、花生、波斯菊、一串红等植物的干种子和部分吸胀种子。

2. 实验器具　镊子、刀片、长尺、放大镜、解剖针、测微尺、游标卡尺、培养皿、载玻片、盖玻片、滴管、毛笔、解剖镜、显微镜等。

3. 实验试剂　1%I_2-KI（碘 1g、碘化钾 2g，溶于 300mL 蒸馏水中）；乙醚乙醇混合液（乙醚与乙醇等量混合）；苏丹Ⅲ溶液（苏丹Ⅲ 1g，溶于 100mL 95%乙醇与甘油的等量混合液中）。

四、实验内容与步骤

（一）查明果实种类和种子类型

1. 果实种类　果实可分为颖果、瘦果、荚果、蒴果、角果、坚果、瓠果等。

2. 种子类型　①按胚乳有无：有胚乳种子、无胚乳种子。②按植物形态学：果实及其外部附属物、果实的全部、种子及果实的一部分、种子的全部、种子的主要部分。

（二）种子外部形态观察

1. 种子长度、宽度和厚度的测定

（1）将各材料干种子随机取10粒，测量长度、宽度和厚度。形状规则的种子用直尺测量，要求10粒种子首尾相连、排列方向一致；形状不规则的种子用游标卡尺测量，逐一测量每粒种子，对10粒种子取平均。3次重复，求平均值，单位为mm。

（2）利用种子自动考种仪（如万森、谷丰光电）可在线获取常见作物种子的长度、宽度、周长、面积等参数。

2. 种子外部形态观察　利用放大镜或解剖镜详细观察各材料干种子外部形态，将主要特征绘制成简图，并配文字标明。如：籽粒外表有无附属物及其特征（形状、颜色、位置），有无果皮，果种皮的构造及其位置、形状（果柄、花柱遗迹、内外稃、种柄、腹沟、种脐、脐条、内脐、种阜、发芽口等）。

（三）种子内部构造观察

1. 种子内部结构的观察

（1）玉米种子。吸胀的玉米种子，用刀片沿胚部纵切，将胚一分为二。观察并记录果皮、胚乳、胚、盾片、胚芽鞘、胚芽及胚根等。

（2）大豆种子。吸胀的大豆种子，剥去种皮，将子叶分开。观察并记录胚、子叶、胚芽、胚根等。

2. 种子胚类型的观察　吸胀的玉米、大豆、蓖麻、番茄、甜菜、棉花种子，剥开或剖开种子，观察各类种子胚的类型。绘制种子纵剖面图，并配文字说明。

（四）种子胚乳及子叶中贮藏物质的观察

1. 淀粉粒的观察　取已在水中吸胀的禾谷类种子，切开后用镊子夹取少量胚乳涂抹在载玻片上，加1滴蒸馏水装片，先放在低倍镜下，看到实物后再转入高倍镜，可看到许多颗粒，即淀粉粒。仔细观察淀粉粒的大小、形状和结构。然后加入1滴I_2-KI溶液，再置显微镜下，观察淀粉粒的颜色变化。

2. 脂肪体的观察　将花生种子的子叶或玉米的盾片切成薄片，选取最薄的切片置于载玻片上，加1滴苏丹Ⅲ溶液，盖上盖玻片。将此临时玻片放在低倍镜下，可见到细胞内有许多染成橘红色的油状油滴，即脂肪体。

3. 蛋白体的观察　将蓖麻种子的胚乳切成薄片，放在培养皿中，加入乙醚乙醇混合液浸泡，使细胞中的油脂溶解。然后选取几片最薄切片置于载玻片上，加1滴I_2-KI溶液，盖上盖玻片，放在低倍镜下，可看到许多黄色的糊粉粒。再转入高倍镜，可观察到糊粉粒是外被薄膜的近椭圆体，椭圆体内有1个球状体和1至数个拟晶体，其周围充满无定形蛋白体。

五、实验结果与思考

1. 绘制种子外部形态简图。
2. 绘制种子内部构造简图。

3. 绘制种子胚乳及子叶中贮藏物质简图。

4. 记录不同植物种子观察结果，并填写表32。

表32 不同植物种子类型及表型

植物名称	科	果实种类	种子类型	种子色泽	种子大小	
					长度（mm）	宽度（mm）

5. 大豆中的种脐是如何形成的？水分从哪个部分进入种子？

6. 在玉米籽粒中能看到种脐和珠孔吗？为什么？

7. 用英语描述种子时有两个单词“seed”（大豆）和“grain”（玉米），请根据实验阐述两者的不同。

实验二 种子的活力测定（电导率法）

一、实验目的

1. 了解电导率测定种子活力的原理及方法。

2. 不同组间采用不同活力的材料，比较不同组间对应结果差异。

二、实验原理

种子活力是指种子在发芽和出苗期间其活性水平和行为等特性的综合表现。种子活力测定方法的种类有数十种以上，可分为直接法和间接法。直接法是在实验室条件下模拟田间不良条件测定出苗率，如低温处理是模拟早春播种期的低温条件。间接法是在实验室内测定与出苗率（活力）相关的种子特性，如测定某些生理生化指标（电导率、酶的活性、呼吸强度等）及生化劣变处理后的发芽率（加速老化试验、人工劣变试验、冷浸试验等）。

种子发生劣变时，细胞膜结构受到破坏，影响膜功能正常发挥。种子在吸胀初期，细胞膜重建和损伤修复的能力影响电解质和可溶性物质外渗的程度，重建膜完整性的速度越快，外渗越少。高活力种子，重建膜的速度和修复损伤的程度优于低活力种子。因此，可以通过测定种子浸泡液的电导率来反映种子活力，一般高活力种子浸泡液的电导率低于低活力种子。

三、实验器具与材料

1. 实验材料 不同活力的作物种子样品（大豆、豌豆、玉米等）。

2. 实验器具 电导率仪、水浴锅、天平（感量0.001g）、烧杯（500mL）、滤纸、镊子、尺子等。

四、实验内容与步骤

1. 从不同活力作物种子样品中取无破损、大小均匀的种子 50 粒，3 次重复，准确称重（W），精确至 0.01g。

2. 种子用去离子水冲洗 3 次，滤纸吸干种子表面水分，分别放入干净的 500mL 烧杯中，加入去离子水 250mL，另用一个烧杯直接加入去离子水作对照，烧杯需用薄膜盖好，减少水分蒸发和灰尘污染。

3. 所有烧杯于 20℃放置 24h，然后用电导率仪测定浸泡液电导率（d_2）和对照电导率（d_1），测定电导率前浸泡液必须在漩涡混匀器上混匀。

4. 将浸泡种子的烧杯置于 100℃水浴中煮沸 30min，冷却，用滤纸或清洁丝网沥去种子，测定煮沸后种子浸出液的电导率［d_3，μS/（cm・g)］。

5. 计算电导率。

$$d_3 = (d_2 - d_1) / W$$

$$种子相对电导率 = (d_2 - d_1) / (d_3 - d_1) \times 100\%$$

五、实验结果与思考

1. 不同活力种子的电导率测定结果分析，填入表 33 中。

表 33　不同活力种子的电导率

种子编号	重复	重量（g）	对照电导率（d_1）	种子浸泡 24h 后电导率（d_2）	种子浸出液煮沸冷却后的电导率（d_3）

2. 电导率法测定种子活力时应注意哪些方面？

3. 有哪些因素会导致种子活力下降？

4. 玉米“单粒播种”和水稻“机械直播”等轻简栽培方式中为什么选用高活力种子？

实验三　种子萌发前期的吸水过程

一、实验目的

1. 了解种子萌发的吸胀过程。

2. 探讨种子在吸胀过程中是否有代谢活动。

二、实验原理

种子的萌发过程可分为4个阶段：吸胀、萌动、发芽和幼苗形态建成。吸胀是种子萌发的起始阶段，指种子因吸水而体积膨胀的现象。一般成熟干燥的种子内，几乎所有的组织都呈皱缩状态，细胞内含物呈干燥的凝胶状态，具有很强的黏滞性。当种子与水分直接接触或在湿度较高的空气中，则很快吸水膨胀，直到细胞内部的水分达到饱和状态，细胞壁呈紧张状态，种子外部的保护组织趋向软化，种子才逐渐停止吸水。

种子吸胀是一种物理现象，并不是活细胞的生理作用，是因为种子中含有大量的亲水胶体。当种子的活力丧失以后，种子中亲水胶体的含量和性质没有显著变化，依然能够吸胀，所以种子能吸胀不能指示种子有活力。

三、实验器具与材料

1. 实验材料 玉米种子（有生活力、无生活力）。

2. 实验器具 塑料杯、镊子、手套、吸水纸、冰盒、天平、记号笔、温度计等。

3. 实验试剂 二硝基酚（Dinitrophenol，DNP，225mg/L）、蒸馏水（常温、冰水）。

四、实验内容与步骤

1. 将30粒有活力的种子分别放入3个塑料杯中，记为1、2、3。
2. 将10粒无活力种子放入1个塑料杯中，记为4。
3. 4个塑料杯中种子分别称重，并记录。
4. 4个处理，具体方法见表34。

表34　实验设计和处理方法

序　号	处　理	方　法
1	对照	加入50mL蒸馏水，放在室温
2	低温	加入50mL冰水，冰浴
3	DNP	加入50mL DNP，放在室温
4	无活力	加入50mL蒸馏水，放在室温

5. 记录实验开始时间。
6. 实验过程中记录温度。
7. 20min后从塑料杯中取出籽粒，吸干水分，称重并记录数据。
8. 放入杯中20min后重复步骤6、7。

五、实验结果与思考

1. 计算每个处理下，每粒玉米种子重量在处理20min、40min、60min后的变化情况，并在表35中记录。

表 35　不同处理下种子重量结果

处理		起始重量（g）	处理后种子重量（g）			处理后种子重量的变化（g）			处理后每粒种子的变化本组实验结果（g）			处理后每粒种子的变化全班实验结果（g）		
		0min	20min	40min	60min	20min	40min	60min	20min	40min	60min	20min	40min	60min
1	对照													
2	低温													
3	DNP													
4	无活力													

2. 绘制线形图，显示每个籽粒在不同时间段变化的结果（横坐标时间、纵坐标重量），并加以说明。

3. 在 Excel 中输入数据（附在实验报告后），并整理出实验结果。

4. 在本实验中，与对照相比，哪些因素影响了种子对水分的吸收？

5. 种子在吸水过程中，是否发生了代谢反应，哪些因素会影响种子的新陈代谢？

6. 从获得的实验结果中，请描述种子代谢反应在吸水过程中的作用。

实验四　不同萌发时期种子及幼苗形态的观察

一、实验目的

1. 了解种子萌发形成幼苗的过程。

2. 掌握不同类型植物在萌发过程中的形态差异。

二、实验原理

由于种子子叶特征（单子叶、双子叶、多子叶）和出土类型（子叶出土型、子叶留土型）的差异，不同类型的种子在萌发和幼苗形态建成过程中差异很大。因此，了解不同萌发时期不同种子及幼苗的形态差异，将有助于深入理解种子的早期形态。

三、实验器具与材料

1. 实验材料　处于不同萌发时期的小麦（或水稻）和大豆（或花生）种子及幼苗。

2. 实验器具　光学显微镜。

四、实验内容与步骤

1. 取处于不同萌发时期（0d、1d、2d、3d、5d、7d、10d）的单子叶植物（小麦或水稻）和双子叶植物（大豆或花生）种子与幼苗各 1 份，进行解剖观察。

2. 比较不同萌发时期的种子和幼苗形态差异。

3. 比较单子叶植物和双子叶植物萌发时期幼苗的形态结构差异。

五、实验结果与思考

1. 拍照或绘制不同萌发时期种子和幼苗形态结构图。
2. 描述单子叶植物和双子叶植物在萌发过程中的形态结构差异。

实验五　种子休眠类型及其破除

一、实验目的

1. 了解种子休眠的类型。
2. 掌握破除种子休眠的方法。

二、实验原理

种子休眠是指具有生活力的种子在适宜的发芽条件下不能萌发的现象。种子休眠是植物在长期系统发育过程中形成的抵抗不良环境条件的特性，是调节种子萌发最佳时间和空间分布的有效方法，有利于世代延绵，以及物种的生存和增加分布的可能性，具有普遍的生态学意义。

种子休眠的类型主要有生理休眠、形态休眠、形态生理休眠、物理休眠和综合休眠。不同的休眠类型，具有不同的休眠机制，解除或延长休眠的措施也不同。

三、实验器具与材料

1. 实验材料　紫云英、五味子、拟南芥种子。

2. 实验器具　塑料杯、镊子、手套、吸水纸、冰盒、天平、记号笔、温度计。

3. 实验试剂　100mg/kg 赤霉素（GA_3）溶液。

四、实验内容与步骤

（一）温度处理

取收获的拟南芥种子分别置于 3 个培养皿中，每个培养皿 400 粒种子，分别进行低温及化学处理。A1：4℃人工气候箱内 1 d；A2：4℃人工气候箱内 2 d；A3：10^{-6}mol/L 赤霉素浸种 8h 后用蒸馏水冲洗干净。采用浸纸床发芽，每盒 100 粒，3 次重复，同时取未处理种子作对照（CK），20 ℃条件下发芽，第 5 天、第 7 天调查计算发芽势、发芽率。

（二）破除硬实处理

1. 机械破除硬实处理　取紫云英种子，用砂纸打磨，产生划痕，种皮有破损为好（B1）。采用浸纸床发芽，每盒 100 粒，3 次重复，同时取未处理种子作对照（CK），20℃条件下发芽，第 5 天、第 7 天调查计算发芽势、发芽率。机械破除硬实种子时，应注意保证种子的完整性，如果造成机械损伤或化学灼伤会影响种子活力，在发芽试验中造成种子腐烂。

2. 盐酸处理　取紫云英种子分别置于 3 个培养皿中，每个培养皿 400 粒种子，分别用36%盐酸浸种9min（B2）、12min（B3）、15min（B4），处理后用自来水将种子冲洗干净，分别置于纸床，每个重复100粒，3次重复。同时取未处理种子作对照（CK），20℃条件下发芽，第5天、第7天调查计算发芽势、发芽率。

（三）层积处理

将五味子种子消毒洗净，混沙放入种子盒内进行人工气候低温沙藏处理，混沙比例为5∶1，分别将400粒种子进行不同层积处理。T1：12℃高温层积处理100d；T2：4℃低温层积处理100d；T3：12℃高温层积处理40d，4℃低温层积处理60d。种子处理后，分别置于纸床，每个重复100粒，3次重复，同时取未处理种子作对照（CK），20℃条件下发芽，第15天调查计算发芽率。

五、实验结果与思考

1. 记录并计算不同处理下种子的发芽势、发芽率，将结果填入表36中，说明不同处理对休眠种子的影响。

表36　不同处理对种子休眠破除的影响

种子	处理	种子数（粒）	发芽种子数			发芽势	发芽率（%）	休眠种子数/硬种子数
			第5天	第7天	第15天			
拟南芥	A1							
	A2							
	A3							
	CK							
紫云英	B1							
	B2							
	B3							
	B4							
	CK							
五味子	T1							
	T2							
	T3							
	CK							

2. 你认为拟南芥、紫云英和五味子休眠的主要原因是什么？
3. 种子层积处理应注意哪些问题？
4. 硬实种子的处理方法有哪些？

实验六　植物激素对种子萌发的影响

一、实验目的

1. 掌握植物激素的配制方法。
2. 了解植物激素对种子萌发的影响。

二、实验原理

植物激素最重要的作用是控制和调节细胞分裂、生长和分化，可以影响不同植物的生理和生化过程，包括种子休眠和萌发。种子萌发和休眠能够影响产量，植物种子的内源激素和种子萌发环境共同调控种子的萌发与休眠。植物激素脱落酸、生长素、细胞激动素、乙烯、赤霉素和油菜素内酯都能促进或抑制种子的萌发，不同的植物激素组合对种子萌发的影响也不同。植物基因和植物激素之间存在相互作用，在特定植物激素参与的情况下一些植物基因可以被激活。

三、实验器具与材料

1. 实验材料　小麦种子。

2. 实验器具　天平（0.000 1g）、称量纸、移液器、试剂瓶、发芽盒、滤纸、无菌水、发芽箱等。

3. 实验试剂　赤霉素、脱落酸、细胞分裂素、次氯酸钠、无水乙醇、盐酸等。

四、实验内容与步骤

1. 试剂配制

5%次氯酸钠：500mL。

95%乙醇：10mL。

0.1mol/L盐酸：0.09mL盐酸加入10mL水中。

150mg/L GA_3母液500mL：将0.075g GA_3干粉先溶于少量95%乙醇，再加水定容至500mL。

150mg/L 6-BA母液500mL：将0.075g 6-BA干粉先溶于少量0.1mol/L盐酸，再加水定容至500mL。

150mg/L ABA母液500mL：将0.075g ABA干粉先溶于少量95%乙醇，再加水定容至500mL。

2. 工作液配置　配置50mg/L的工作液（其中各种激素工作液均为15mL，某激素不添加时加入无菌水15mL替代），组合见表37。

3. 发芽盒发芽实验　每个发芽盒50粒种子，2个重复，加入不同的植物激素配置液，22℃暗培养发芽。发芽标准为胚根突破种皮2mm。

4. 数据收集　每天统计不同处理下种子的萌发率，第7天拍照。

表 37 植物激素配置表

组合编号	GA_3	6-BA	ABA	H_2O
1	15	15	15	0
2	15	15	0	15
3	15	0	0	30
4	15	0	15	15
5	0	0	0	45
6	0	0	15	30
7	0	15	0	30
8	0	15	15	15

五、实验结果与思考

1. 通过对比思考并分析各种植物激素对小麦种子萌发的影响。
2. 思考不同类型植物激素可以应用于生产的哪些方面？

实验七 不同处理对种子萌发及幼苗生长特性的影响

一、实验要求

通过自选实验题目、自拟实验方案、独立实施研究计划、处理数据资料及撰写研究简报等一系列环节，把已经掌握的基本实验技术和基础理论逐步融会贯通并熟练运用。

二、选题

1. 植物激素对种子萌发及幼苗生长特性的影响。
2. 非生物胁迫对种子萌发及幼苗生长特性的影响。
3. 引发技术对种子萌发及幼苗生长特性的影响。

三、实验设计

根据选题以及实验室指定的材料和试剂，通过查阅文献资料，了解相关研究进展，在此基础上进行实验设计，包括实验材料的确定、处理设置、处理方法、调查测试项目及测定方法、工作进度安排、预期结果等。

1. 植物激素对种子萌发及幼苗生长特性的影响 植物激素对种子萌发有重要影响，如赤霉素、脱落酸和细胞分裂素等。有些植物激素能够促进种子的萌发，有些则抑制种子萌发，不同植物激素的组合对种子萌发的作用也不一样。

实验材料：玉米、小麦、大豆。

植物激素种类：赤霉素、脱落酸、细胞分裂素、油菜素内酯、生长素等。

2. 非生物胁迫对种子萌发及幼苗生长特性的影响 植物在生长过程中会遇到许多不同的非生物胁迫，不同植物对非生物胁迫的忍耐机制和敏感性也不同，特别是在种子萌发和幼苗早期生长阶段。因此，了解非生物胁迫对种子萌发及幼苗生长特性的影响对指导农业生产具有非常重要的意义。

实验材料：玉米、小麦、水稻。

胁迫处理：干旱（NaCl、PEG）、高温、低温、湿害、重金属等。

3. 引发技术对种子萌发及幼苗生长特性的影响 种子引发是控制种子缓慢吸收水分使其停留在吸胀的第二阶段，让种子进行预发芽的生理生化代谢和修复预作用，促进细胞膜、细胞器等活化，使其处于准备发芽的代谢状态，但防止胚根伸出。经引发的种子，活力增强，抗逆性强，出苗快而齐。引发的方法按基质类别可划分为液体引发（渗透调节）、滚筒引发、固体基质引发和生物引发等。其中，液体引发是通过将种子置于溶液湿润的滤纸或浸于溶液中，通过控制溶液的水势来调节种子的吸水速度和吸水量，从而控制种子萌发的速度和整齐度。

实验材料：大豆、玉米、小麦等不同储存年份的种子。

引发试剂：KH_2PO_4、PEG、水。

四、实验方案的实施

按照实验设计开展实验，处理、调查和观测必须按时进行，结果、数据应如实填写。实验实施过程中各项操作应根据实验要求开展，及时发现问题并解决，必要时可对原设计进行调整甚至修改。

五、数据、资料处理

实验结束时，对所有数据资料进行汇总和统计分析。要选用恰当的统计分析方法处理数据，尽可能运用图、表（三线表）展示试验结果。在试验操作中，及时拍照片。原始数据作为附录附在研究简报后。

六、撰写研究简报

撰写成简报，包括题目、摘要、关键词、正文、参考文献等部分。

1. 题目 根据选题设计题目，字数不超过 20 个。

2. 摘要 简要介绍该实验的主要结果。

3. 关键词 列出文章中出现频率较高的词语 3～5 个。

4. 正文部分

（1）前言。简述选题的依据和进行该项实验的目的与意义。

（2）材料与方法。植物材料、主要设备及试剂、实验设计、实验内容、调查测定项目与方法、统计分析方法等。

（3）结果与分析。实验结果采用文字、图、表、照片等展示，数据需进行统计分析，对实验结果进行必要的解释说明，简明扼要、描述准确。

（4）讨论。对实验结果进行分析阐述、归纳总结，并与同类实验进行比较。

5. 参考文献 按规范科技文献格式整理。

课程三

作物育种学

作物育种学实验以作物育种中各主要技术环节的基本过程为主线，着重对作物育种中有性杂交技术、性状变异特点、不同性状的重组关系、目标性状鉴定、优良基因型的分析与评价、变异类型上下代间关系等方面进行实验操作，以加深对作物育种理论与技术的理解。作物育种实验的教学目标为：通过亲身体验育种实验，加深对作物育种理论与技术环节的理解。基本要求：启发学生主动分析各种遗传变异现象的本质；学会育种工作的基本技能；了解品种特征的鉴定方法与性状变异范围；学会育种实验的设计与结果分析方法。

实验一　小麦种质资源评价

一、实验目的

1. 了解和掌握利用小麦的形态特征对其农艺性状进行描述的方法。
2. 了解和掌握小麦种质资源的鉴定方法。
3. 根据小麦农艺性状对种质资源进行聚类分析。

二、实验原理

种质是指生物体亲代传递给子代的遗传物质，往往存在于特定品种之中，如古老的地方品种、新培育的推广品种、重要的遗传材料以及野生近缘植物。作物种质资源是农业科技原始创新、现代种业发展的物质基础，是保障粮食安全、建设生态文明、支撑农业可持续发展的战略性资源。对种质资源进行精准鉴定是完成作物育种的基础。因此，在制定育种目标之前，需要依据育种目标对所掌握的种质资源进行系统评价。

三、实验器具与材料

1. 实验材料　小麦种质资源。

2. 实验器具　不同长度直尺、签字笔、记录本。

四、实验内容与步骤

每个班级 2 人一组，对田间二倍体、四倍体和六倍体小麦进行种质资源评价，每组调查15份。调查数据填入在线共享表单中，数据供全班使用。

（一）根据《小麦种质资源描述规范和数据标准》对生物学特性进行调查

拔节期：全区50%植株茎伸长达到3～4cm，第一节间伸出地面1.5～2.0cm的日期。以“年月日”表示，格式“YYYYMMDD”。

抽穗期：全区50%植株穗子从旗叶叶鞘伸出的日期。以“年月日”表示，格式“YYYYMMDD”。

开花期：全区50%植株穗子开花或露出花药的日期。以“年月日”表示，格式“YYYYMMDD”。

熟期：籽粒蜡熟的日期。以“年月日”表示，格式“YYYYMMDD”。

熟性：与当地生产上大面积种植的中熟品种相比较成熟的早晚，分为极早、早、中、晚、极晚。

全生育期：从播种之日至成熟之日所经历天数，单位为d。

芽鞘色：幼芽鞘伸出地面长约2cm时的颜色。

幼苗习性：小麦种质在分蘖盛期叶片的姿态，分为直立、半匍匐、匍匐。

苗色：幼苗的颜色，分为浅绿色、绿色、深绿色。

叶片表面的茸毛有无：无或有。

株型：植株抽穗后主茎和分蘖茎的集散程度，分为紧凑、中等、松散。

叶姿：叶片的形态，茎叶夹角及披散情况，分为挺直、平展、下披。

穗形：成熟期穗子的形状，分为纺锤形、长方形、圆锥形、棍棒形、椭圆形、分枝形。

（二）根据《小麦种质资源描述规范和数据标准》对形态学特征进行调查

株高：植株的高度，乳熟期前后从地面量至穗顶（不包括芒）的长度，单位为cm。

植株整齐度：抽穗至成熟期间，植株高度、主穗与分蘖穗高度的整齐程度，分为不齐、中等、齐。

分蘖数：单株总分蘖数，分有效分蘖和无效分蘖，单位为个。

有效分蘖数：凡能抽穗并结实的为有效分蘖，计数单株有效分蘖数，单位为个。

穗长：穗子的长度，从穗基部到穗顶部（不包括芒）的长度，单位为cm。

每穗小穗数：一个穗子上着生小穗的总数，包括不育小穗，单位为个。

小穗粒数：着生在穗中部结实最多的小穗结实粒数，单位为粒。

穗粒数：每穗结实总粒数，单位为粒。

穗粒重：每穗的籽粒重量，单位为g。

千粒重：1 000粒干燥籽粒的重量，单位为g。

抗倒伏性：小麦抽穗后至成熟阶段，遇较大的风雨倒伏后植株的恢复程度，分为强、中、弱、极弱。

五、实验结果与思考

1. 根据生物学特性和形态学特征，总结地方小麦品种和栽培小麦品种的差异，分析利用途径。

2. 对小麦地方品种和栽培品种农艺性状聚类分析，指出每一类的特点和种质资源利用方式。

3. 在利用种质资源时有哪些因素需要考虑？

4. 将小麦种质材料部分农艺性状填入表38中。

表38　小麦种质材料部分农艺性状

编号	拔节期	全生育期	株型	穗形	穗长（cm）	穗粒数（个）	有效分蘖数（个）	株高（cm）	叶姿

实验二　小麦杂交实验和真假杂种判断

一、实验目的

1. 熟悉小麦（*Triticum aestivum* L.）花器构造和开花习性，通过练习初步掌握小麦杂交技术。

2. 掌握真假杂种判断的方法。

二、实验原理

（一）小麦花器构造特点

小麦是禾本科（Gramineae）小麦属（*Triticum*）的自花授粉作物。复穗状花序，小穗无柄，紧密地排列在穗轴两侧，着生在穗轴节段上。每一小穗由2枚颖片（通称护颖）和3～9朵小花组成。通常上部小花退化，仅下部2～4朵小花能正常结实。每朵小花有内外稃（通称内外颖）、3枚雄蕊和1枚雌蕊，外稃内侧基部有2片浆片（通称鳞被）。花药有4个花粉囊，柱头两裂羽毛状。雌蕊具有2个羽毛状柱头。

（二）小麦的开花习性

在正常条件下，小麦从抽穗到开花需要3～6d，但也有抽穗后即开花或抽穗10d后才开花的品种，也有少数闭颖授粉。小麦的开花昼夜进行，一般小麦品种每天有2次开花高峰，第1次在9：00—11：00，第2次在15：00—19：00。其开花的高峰期随地区、品种、当时温湿度有所差异。小麦开花的最适温度为18～23℃，最适相对湿度为70%～80%。空气干燥、温度高，开花较早；天气阴湿、温度低，则延迟开花。

小麦开花顺序是主茎先于分蘖上的穗，每穗开花从始至终需3～8d。同一穗上的开花顺序是中上部小穗先开，而后向上向下依次开放。同一小穗中基部小花先开，而后依次向上开放。小麦开花时，鳞被吸水膨大，使内外颖张开，雄蕊的花丝迅速伸长，花粉囊破裂、花粉散在雌蕊的柱头上，并很快伸出小花外，内外颖闭合，花粉囊留在颖外，完成自花授粉。每朵小花内外颖开放至闭合需 15～30min。

在自然条件下，小麦花粉生活力可维持 20min，柱头生活力在适宜的条件下可持续6～8d，但3～4d 后授粉结实率显著下降。授粉后 1～2h 花粉粒开始萌发，经 24～36h 完成受精过程。

小麦杂交时，要求父本和母本同时开花，如果两个亲本花期不一致，就需要设法调整花期，使二者花期相遇。调整花期最简单有效的方法是分期播种。通常以母本花期为标准，如果父本花期太早则延迟播种，太迟则提前播种，也可将父本分期播种，选择最适宜的亲本进行杂交。

杂交育种中，由于作物自交纯合需要很长时间，从套袋授粉、获得种子、杂种后代鉴定、性状稳定、初选、复选、定名、申报到推广，这一过程至少需要十余年时间。在人工杂交过程中，常常伴随花粉受到污染等情况。如果不及时淘汰这些伪杂种或非目的杂交后代，必然会造成土地资源和人力资源的巨大浪费，也不能有选择性地对真正的杂种幼苗进行精心管理。因此，需要尽快构建一个简易合理的杂种早期鉴定平台，总结分析真正杂种苗与亲本间的关系和可遗传的性状。

杂交后代早期鉴定方法主要有 4 种：形态学标记鉴定法、细胞学鉴定方法、生化标记方法和分子标记鉴定方法。一般两种或多种方法相结合进行杂种鉴定，确保鉴定结果安全可靠。本实验主要采用形态学标记鉴定法，理论依据是由于亲本的生物学遗传，后代与亲本间在表型上有很多的相似之处。简单直观和经济方便是形态学标记鉴定最大的优点。但是，形态学标记具有很大的局限性，周期长，极容易受到环境影响。因此，仅根据形态学标记来进行杂种鉴定是有限的，进一步结合其他方法，结果会更准确。

三、实验器具与材料

1. 实验材料 小麦品种若干个。

2. 实验器具 剪刀、镊子、硫酸纸袋（4cm×14cm）、塑料牌、回形针、铅笔等。

3. 实验试剂 70%乙醇。

四、实验内容与步骤

每人选取 2 个小麦品种为材料进行小麦有性杂交实验。小麦杂交包括选穗、整穗、去雄、授粉和收获等步骤。

1. 选株和选穗 选择具有该亲本典型性状且健壮无病虫害的植株作母本，并记录母本性状。确定已抽穗但尚未开花、中部小穗的花药呈黄绿色的穗作去雄穗。技术熟练者，可选穗部抽出较多的去雄；技术不熟练者，去雄时易将花药弄破造成自交，应选穗部抽出较少的去雄。

2. 整穗 整穗时，左手把持麦穗，右手用镊子先将麦穗上部和基部的小穗去掉，保留麦穗中部的小穗。然后，去除每个小穗中间的小花，保留左右两个小花。整个整穗过程可以总结为：掐头去尾、拨拉中间（指将小穗的中间小花拨掉）。

3. 去雄和套袋　右手把持整过穗的麦穗，左手拿剪刀，把小麦颖壳的上 1/3 剪去。一定要把握好剪去的长度。如果小麦颖壳剪多，容易伤到雌蕊；小麦颖壳剪少，不容易去雄。整穗以后应立即去雄。小麦花在未开放以前，内、外稃紧闭，为了夹除花内的花药，可用左手把持麦穗，用左手拇指向下按压外颖，结合右手的镊子将内、外稃分开，然后用镊子将花内的花药夹出。注意每小麦小花内有 3 枚雄蕊，颜色为绿色；1 枚雌蕊，为白色。去雄时，一定要把 3 枚雄蕊全部去除干净，同时尽量避免误伤雌蕊。注意不要将花药夹破或夹断，也不能碰伤柱头，并且要数清 3 枚雄蕊已全部取出。

整个麦穗的去雄工作要先从麦穗的一侧开始，从上向下进行，做完一侧再做另一侧，按顺序进行，以免遗漏。一定是从上向下进行，切勿从下向上进行；否则，若先下再上，上面去掉的雄蕊落入下面已经去雄的颖壳内而造成自花授粉。去雄时，如发现花药已经变黄或破裂，应立即将这朵花除去。每朵花去雄后，将镊子浸入乙醇中，杀死可能沾带的花粉。

去雄后套上羊皮纸袋隔离，拴挂标签。标签上应注明母本品种名称（或行号）、去雄日期，然后用回形针夹住纸袋。

4. 授粉　授粉可在去雄当天进行，或在去雄后 2～4d 内授粉。授粉通常在 8：00—16：00 开花盛期进行，如遇阴雨天可略推迟。授粉前先检查柱头有无损伤。如柱头已呈羽毛状分叉、有光泽，表明是授粉适期。

采用捻穗法授粉。①选择即将开花的同一父本穗 1～2 个，逐一将小花上部 1/3 的颖壳剪去，待花药开始伸出散粉时剪下麦穗。②将母本穗所套纸袋上端折叠的袋口打开，将正散粉的父本穗小心插入纸袋中，围绕母本穗捻转几次，使花粉散落在柱头。③取出父本穗后，即折叠好纸袋上端的袋口，用回形针夹住。

5. 收获　穗成熟后，要及时剪下杂交穗，将每个杂交穗单独保存，统计结实率。

6. 判断杂交 F_1 代种子的真伪　将上一季的小麦杂交种子分别和父本、母本种在一起，11 月上旬播种。小麦行距 30cm，株距 10cm。观察待研究植物的外部形态特征，采用统一的标准，进行详细的记录。如鉴定观赏植物杂交后代时，要观察记录小麦叶姿、叶色、株型、穗形、芒等，参照父本、母本的形态特征进行比对。

五、实验结果与思考

1. 每人操作杂交 3～5 穗，1～2 周后，收获杂交穗。按杂交方式、杂交小穗数、结实率，并评价授粉方法的效果，结果填入表 39 中。

表 39　小麦各亲本典型性状比较

亲本	性状			
	1	2	3	4
1				
2				
3				
4				

2. 分单株收获种子，分别脱粒，自然晒干，保存待用，同时记录种子外部特征和相关性状（表 40 至表 42）。

表 40　小麦杂交结果统计

杂交组合	杂交结果				杂交结实率（%）
	去雄后结实数量（个）		杂交数量（个）		
	穗	花	穗	花	

表 41　小麦杂种 F_1 代、亲本性状比较

植株	分蘖期叶色	分蘖期叶姿	芒	穗形	抗病性	株高（cm）	叶鞘蜡粉	基部有无茸毛
F_1								
父本								
母本								

表 42　小麦杂交一代真假杂种记录

真假杂种	杂交组合			
	1	2	3	4
真杂种植株数（个）				
假杂种植株数（个）				
真杂种百分率（%）				

实验三　小麦选种方法

一、实验目的

掌握小麦系谱法和混合法田间选择的步骤。

二、实验原理

系谱法是杂交育种中最常用的选择方法之一。选择从杂种的第 1 次分离世代开始，其后各代以入选单株为单位分系种植，经过连续多代单株选择直至株系的性状稳定一致，才将入选株系混收为新品系。其中，F_1 主要侧重于分辨真假杂种，淘汰严重缺陷的杂交组合，不进行单株选择。从 F_2 代开始进行单株选择，F_2 代主要任务为选定优良组合，从优良组合中选择优良单株并进行编号。F_3～F_5 代的分离世代均可用系谱法进行单株选择，直至稳定。

混合法是根据育种目标，在后代组合中根据表现性状（如成熟期、株型、产量性状、抗性等），选出具有一致特点的优良单穗，混合留种，下一代混合播种与原品种和标准品种进行比较的一种选择方法。

三、实验器具与材料

组合来源不同的小麦：F_1组合10个、F_2组合5个、F_3组合3个。

四、实验内容与步骤

1. 利用系谱法在F_2代就能够选择到抗病、矮秆、早熟等遗传力较高性状的个体，注意条锈病抗性、穗形整齐度的选择。

2. 利用混合法选择符合育种目标的个体，将其混合；不分世代和组合，必要时去除表现劣的个体，如晚熟、高秆等，同时可以不间断往群体中加入新组合，中选单穗个体一律按照F_3代的处理进行比较、升级和淘汰。每个育种单位或个人的情况不同，选择方法不拘一格，既适合又有科学依据才是最佳。

五、实验结果与思考

1. 每位同学对选择出的单株进行考种，考种结果与班级平均数进行比较，说明单株选择的效果。

2. 想一想，有哪些因素会影响选择的效果？

实验四　油菜杂交技术与真假种子的鉴别

一、实验目的

1. 观察油菜开花习性和花器构造，了解作物繁殖方式。
2. 了解油菜杂交的原理和方法，掌握油菜杂交技术。
3. 掌握从油菜植株形态上鉴别杂交一代种子真假的方法。

二、实验原理

1. 甘蓝型油菜主要特征　油菜属十字花科芸薹属，根据其生物学特性及亲缘关系的差异，习惯将我国油菜分为白菜型油菜（*Brassica rapa*，AA，$2n=20$）、芥菜型油菜（*Brassica juncea*，AABB，$2n=36$）和甘蓝型油菜（*Brassica napus*，AACC，$2n=38$）三大类。其中，甘蓝型与芥菜型为常异花授粉作物，白菜型为异花授粉作物。

甘蓝型油菜起源于欧洲，是世界上分布最为广泛的一种油菜类型，在我国主要集中分布在长江流域的油菜主产区。此类型油菜一般高产优质，具有抗病性和抗逆性强、适应性广等优良特点。其主要特征表现为植株较高大，分枝部位高；基部叶常为心形，并具琴状缺裂；中部及上部茎生叶由长圆、椭圆形渐变成披针形，薹茎叶半抱茎着生，叶密被或薄被蜡粉；总状花序，花瓣大且常为黄色，开花时花瓣常两两侧叠，花药内向或侧向开裂；种子球形，褐黄色或黑色，千粒重4g左右。

2. 油菜的花器构造与开花习性　油菜花序由主花序和分枝花序组成，花序的序轴上着生许多单花，其花器由花柄、花托、花萼、花冠、雄蕊、雌蕊和蜜腺等几部分组成。油菜雌雄同花，雄蕊 6 枚，有 4 个蜜腺分泌蜜汁。就同一油菜植株来说，最先开放的是主花序基部的花蕾，其次为上部的第一分枝花序，每一花序的花蕾均是由下往上依次开放。一般来说，雌蕊在开花前 5d 即已成熟，可接受花粉完成受精。甘蓝型油菜和芥菜型油菜自交结实率高，天然异交率一般为 5%～20%；白菜型油菜常具有自交不亲和性，天然异交率一般为 80%以上。

不同油菜品种常具有不同的性状，如叶片特征、植株高度、幼苗直立性、分枝与植株主茎的角度、分枝长度、花瓣特征、角果长度、角果着生密度、籽粒颜色、每果粒数、抗性与倒伏性等特性，通过不同品种或品系的杂交可获得基因重组、性状丰富的油菜新材料。

3. 杂交后代的鉴定 杂交 F_1 代植株可通过以下 4 种方法进行鉴定：形态鉴定法、细胞学鉴定法、生化标记法和分子标记鉴定法。形态学鉴定法相较其他方法简单、易行。鉴定时，将杂种与父母本相邻种植，在幼苗期、蕾薹期、开花期以及成熟期，分别比较杂种植株与父母本的特征特性，调查农艺性状，找出杂种植株与父母本的相似之处。同时，观察杂种群体中各单株之间的整齐一致性，从而确定真假杂种。

三、实验器具与材料

1. 实验材料 甘蓝型油菜自交系或组合共 50 份左右。

2. 实验器具 硫酸纸袋、吊牌、镊子、70%乙醇、脱脂棉、铝盒、回形针、尼龙网袋、种子牛皮纸袋。

四、实验内容与步骤

1. 油菜的自交

(1) 选株隔离。自交前，选取具有该品种典型性状且健壮无病虫害的植株，用镊子摘除花序上已开放的花朵和形成的幼嫩角果，去除花序顶部部分幼小花蕾，然后套袋隔离。

(2) 套袋挂牌。下端袋口斜折，用回形针固定，注意切忌将回形针夹住茎秆，并在花序基部挂上吊牌，写明材料代号或名称、自交日期和操作者姓名。

(3) 后期管理。授粉套袋后，每隔 2～3d 提起纸袋，以利花序伸长和生长发育，待开花结束后（约 7d）取下纸袋，以利角果和种子发育。

(4) 收获贮存。待角果成熟后，摘下整个花序连同吊牌一起放入尼龙网袋中，晒干脱粒后，将种子连同吊牌一起放入种子袋中，写明品种代号或名称，妥善贮存，并在笔记本上做好记录。

2. 油菜的杂交

(1) 父本套袋隔离。杂交授粉前 2d，选取父本植株，具体操作同自交的选株隔离。

(2) 母本选株整序。在父本套袋隔离的同时，选取具有品种典型性状且健壮无病虫害的母本植株，用镊子摘去花序上已开放的花朵、花序顶端的幼小花蕾以及幼嫩角果，剩下翌日即将开放（花萼已裂开、微露黄色）的 10～15 个花蕾供去雄。

(3) 去雄。将母本留下的花蕾逐一去雄，操作时用左手大拇指和食指轻持花蕾，右手用镊子从萼片间拨开花瓣，摘出 6 枚完整的雄蕊，注意忌损伤雌蕊。雄蕊要去除干净。

（4）授粉。去雄后的当天或翌日选晴朗天气授粉。打开事先已套袋的父本，用镊子摘取已开裂散粉花药，将花粉涂抹在母本去雄花朵的柱头上，并保证每朵花均授粉。授粉后立即套袋隔离，挂上吊牌，写明组合代号或名称、杂交日期和操作者姓名。

每进行完一个组合的授粉程序，需要用70%乙醇棉球擦拭手和镊子，杀死携带的花粉。

（5）管理收获和贮藏。授粉后的管理、收获和贮藏同自交技术相关步骤。

3. 真假杂种的鉴定　在温室中或者下一季度，将单株脱粒的 F_1 代种子和父母本相邻种植，分别从苗期和花期仔细观察杂种植株与亲本的形态特征和生物学特性，并进行详细记录。

五、实验结果与思考

1. 每人选择3～4个亲本，完成杂交，获得2组杂交组合，每组包括正反交，同时亲本进行自交。说明各亲本典型的性状差异，并根据各亲本的典型性状，陈述每一杂交组合的目的（表43、表44）。

表43　油菜各亲本典型性状比较

亲本	植株高度（cm）	分枝数（个）	分枝角度	花朵颜色	花瓣大小	叶色
1						
2						
3						
4						

表44　油菜杂交和自交实验计划

母本	父本			
	1	2	3	4
1				
2				
3				
4				

2. 分单株收获种子，分别脱粒，自然晒干，保存待用，同时记录种子外部特征和相关性状（表45、表46）。

表45　油菜自交和杂交结果记录表

材料名称（母本×父本或自交）	花蕾数（个）	结实角果数（个）	平均每角结实粒数（个）	实验效果评价

表46　油菜种子外部特征和相关性状记录表

材料名称（母本×父本或自交）	种子数（粒）	种子千粒重（g）	种皮颜色	其他特征

3. 油菜幼苗期与花期田间鉴定真假杂种种子，将数据填入表47、表48中。

表47　油菜真杂种及亲本幼苗期特征记录表

材料	幼苗生长习性（直立性）	叶片		叶裂		叶缘	叶柄长度（cm）	叶片卷曲	蕾薹期	初花期	初花期植株高度（cm）	其他特征
		颜色	大小	有无	裂片数							

表48　油菜杂交一代真假杂种记录表

真假杂种	杂交组合			
	1	2	3	4
真杂种植株数（个）				
假杂种植株数（个）				
真杂种百分率（%）				

4. 油菜自交和杂交是作物学科的常规技术，可以应用于科学研究的哪些方面？

5. 杂交亲本可以随意选择吗？某一材料选作父母本时有无原则，为什么？

6. 杂交收获的种子中会出现假杂种吗？原因有哪些？假杂种可能含有哪些类型种子？

实验五　油菜雄性不育性和不亲和性的鉴定

一、实验目的

1. 认识油菜雄性不育性和不亲和性的特征。

2. 掌握油菜雄性不育性和不亲和性的鉴定方法。

3. 理解油菜雄性不育系和不亲和系的主要选育方法。

二、实验原理

1. 油菜的雄性不育性。甘蓝型油菜属于常异花授粉作物，可以利用雄性不育性选育杂种优势强的品种。作物雄性不育性是指雄性器官发育不正常，无花粉，或虽有花粉但不具有受精能力，而雌性器官发育正常，能接受外来正常花粉受精结实。油菜不育系植株可从花朵或花蕾的外部形态进行鉴定，其他鉴定方法还有花粉育性镜检和套袋自交鉴定等。油菜具有不育性的植株和正常植株花部形态比较见表49。

表49　油菜雄性不育性植株和正常可育植株花部形态比较

性状	雄性不育植株	正常可育植株
花蕾	瘦小、挤压时花蕾较为空瘪	肥大饱满、色深
花瓣	较小	大，色深
花药	短小，一般约为正常的1/2或缩短于花蕾基部，无花粉或极少花粉（仅限于油菜的Polima不育类型），色浅	长而肥大，鲜黄色
雌蕊	一般与正常可育的雌蕊无异	

2. 油菜的自交不亲和性。自交不亲和性是指两性花植物雌雄性器官正常，在不同基因型的株间授粉能正常结实，但是花期自交不能结实或结实率极低，通常可利用单株自交判断其亲和性。白菜型油菜属于异花授粉作物，常具有自交不亲和性。具有自交不亲和性的植株可采用剥蕾自交或隔离区自由授粉的方式繁殖种子。

三、实验器具与材料

1. 实验材料　甘蓝型油菜“两系”“三系”亲本及其杂交种、白菜型油菜品系。

2. 实验器具　70%乙醇、镊子、羊皮纸袋（10cm×30cm）、回形针、挂牌、铅笔等。

四、实验内容

1. 油菜不育性的鉴定

（1）观察甘蓝型油菜“三系”不育系的花器特征，鉴定不育性。

（2）观察甘蓝型油菜“三系”保持系、恢复系的花器以及株型特征，与不育系进行比较。

（3）观察甘蓝型油菜“两系”不育系，调查其中不育植株与可育植株的数量，并比较两者的花器和株型特征。

（4）鉴定的“三系”不育系、保持系和恢复系植株分别套袋自交，成熟期鉴定是否结实，验证形态鉴定的准确性。

（5）不育系、保持系和恢复系分别套袋隔离，1～2d后用保持系、恢复系花粉给不育系植株分别授粉，成熟时收获母本种子。

2. 白菜型油菜自交不亲和性的鉴定　在白菜型油菜品系群体中选取3株典型、健康的植株，分别采用套袋自交、剥蕾自交和株间授粉的方式鉴定，成熟期鉴定结实率。

五、实验结果与思考

1. 甘蓝型油菜“三系”不育系与保持系花器与株型特征的比较（表50），并将两者的花器拍照附图。

表50　甘蓝型油菜“三系”不育系和保持系在花器和株型特征上的区别

类别	花器			株型	其他
	花瓣	雄蕊	雌蕊		
不育系					
保持系					

附图：

2. 甘蓝型油菜“两系”材料中不育植株与可育植株的调查与比较（表51），并将两者的花器拍照附图。

表51　甘蓝型油菜“两系”不育植株与可育植株的区别

类别	花器			数量	株型
	花瓣	雄蕊	雌蕊		
不育植株					
可育植株					

附图：

3. 甘蓝型油菜“三系”不育系、保持系和恢复系成熟期的鉴定结果（表52），并拍照附图。

表52　甘蓝型油菜“三系”不育系、保持系和恢复系成熟期的比较

类别	花蕾数（个）	有效角果数（个）	种子数（个）	平均每角结实粒数（个）	种子颜色
不育系⊗					
保持系⊗					
恢复系⊗					
不育系×保持系					
不育系×恢复系					

附图：

4. 白菜型油菜自交不亲和性的鉴定结果（表53），并拍照附图。

表53　白菜型油菜自交不亲和性的鉴定结果

单株编号	有无花粉	雌蕊正常或畸形	套袋自交种子粒数（个）	剥蕾自交种子粒数（个）	株间授粉种子粒数（个）
1					
2					
3					

附图：

5. 油菜不育系如何繁殖种子？

6. 根据所学知识，简要分析你的实验结果如何运用到油菜育种中？

实验六　不同油菜品种的菌核病抗感性鉴定

一、实验目的

1. 了解油菜菌核病的发病症状。

2. 学习并了解鉴定油菜菌核病抗感性的方法。

二、实验原理

油菜菌核病是我国油菜的主要病害，一般情况下，可导致油菜减产10%～20%，严重情况下可减产80%。我国冬、春油菜栽培区菌核病均有发生，长江流域、东南沿海冬油菜受害重。油菜整个生育期均可发病，结实期发生最重，其茎、叶、花、角果均可受害，以茎部受害最重。茎部染病初现浅褐色水渍状病斑，后发展为具轮纹状的长条斑，边缘褐色，湿度大时表生棉絮状白色菌丝，偶见黑色菌核，病茎内髓部烂成空腔，内生很多黑色鼠粪状菌核。病茎表皮开裂后，露出麻丝状纤维，易折断，进而致病部以上茎枝萎蔫枯死。叶片染病初呈不规则水渍状，后形成近圆形至不规则形病斑，病斑中央黄褐色，外围暗青色，边缘浅黄色，病斑上有时轮纹明显，湿度大时表面生棉絮状白色菌丝，病叶易穿孔。角果染病初现水渍状褐色病斑，后变灰白色，种子瘪瘦，无光泽。

菌核病的病原菌菌核可混在土壤里，或者附着在采种株上，或者混杂在种子中越冬或越夏。冬油菜田间菌核常在3—5月萌发，产生子囊盘。子囊孢子成熟后从子囊弹出，借气流传播，侵染叶片和花瓣，长出菌丝体，导致寄主组织腐烂变色。病原菌从叶片扩展到叶柄，再侵入茎秆，也可通过病、健组织接触或黏附进行重复侵染。油菜菌核病发生流行与油菜花期降水量有关，此外连作地或施用未充分腐熟有机肥、播种过密、偏施过施氮肥易发病。地势低洼、排水不良或湿气滞留、植株倒伏、早春寒流侵袭频繁或遭受冻害时发病重。

目前，防治油菜菌核病主要采取喷施化学药剂，喷施技术和外界环境会引起防治效果不稳定，此外还会造成环境污染和品种抗药性形成等问题。因此，培育优良抗病品种是防治油菜菌核病经济、有效、安全的措施，鉴定菌核病抗性和筛选抗原材料在油菜杂交育种中显得尤为重要。油菜菌核病的鉴定可在室内或田间进行。室内鉴定方法主要为苗期离体叶片菌丝块接种法和草酸浸根（浸叶）法。田间鉴定主要有苗期叶片菌丝块接种法、苗期叶柄接种法、初花期琼脂块叶腋接种法、终花期牙签茎秆接种法、田间自然鉴定法等。

三、实验器具与材料

1. 实验材料　甘蓝型油菜品种、感病植株茎秆中的菌核马铃薯培养基培养皿。

2. 实验器具　超净工作台、离心机、圆底大试管、玻璃棒、三角瓶、过滤器、保鲜膜。

3. 实验试剂 75%乙醇、0.1%升汞、马铃薯培养基（PDA）。

四、实验内容与步骤

1. 油菜品种菌核病的田间鉴定实验

①田间调查。选取3～5个品种和对照，成熟期在田间前、中、后三个区域各随机选取30株，调查病害级别。各个品种在田间条件下，均可能发病。病害程度依照周必文等1994年提出的分级标准调查。

0级：全株茎、枝、果轴无症状。

1级：全株1/3以下分枝（含果轴，下同）发病或主茎有小型病斑，全株受害角果数（含病害引起的非生理性早熟和不结实，下同）在1/4以下。

2级：全株1/3～2/3分枝发病，或分枝发病数在1/3以下而主茎中上部有大型病斑，全株受害角果数达1/4～1/2。

3级：全株2/3以上分枝发病，或分枝发病数在2/3以下而主茎中下部有大型病斑，全株受害角果数达1/2～3/4。

4级：全株绝大部分分枝发病，或主茎有多数病斑，或主茎下部有大型绕茎病斑，全株受害角果数达3/4以上。

②计算病情指数和发病率。根据调查的病害级别和发病株数计算各品种的病情指数和发病率。

$$病情指数=\frac{100\times\sum(每级别的植株数\times相应的病害级别)}{鉴定植株总数\times发病最高级别}$$

$$发病率=\frac{发病株数}{调查植株总数}\times100\%$$

2. 油菜菌核病的接种鉴定实验

（1）准备工作。

①马铃薯培养基配制。选择质量较好的马铃薯，称取200g，削皮，去芽眼，切成碎块。加蒸馏水1 000mL，煮沸后改小火煮30min，然后用两层湿纱布过滤，滤液用水加至900mL，再加入琼脂20g、葡萄糖20g，搅匀使其溶解，再补足水至1 000mL，煮沸，分装于三角瓶中，密封灭菌备用。灭菌后的培养基倒入无菌培养皿中，厚度约3mm，至完全冷却，形成平板。

②核盘菌的培养。从田间油菜发病植株上收集颗粒饱满、无霉变的菌核，置于4℃冰箱中备用。洗去菌核表面附着物，晾干，在超净工作台上用75%乙醇处理1min，然后用0.1%升汞处理10min左右，蒸馏水洗3次，切开菌核，将菌核内面贴着PDA。

平板在25℃下暗培养3～4d，待菌丝长满平板，置于4℃冰箱保存待用。

（2）花期接种。

①终花期牙签茎秆接种。将牙签均匀摆放于9cm培养皿中，呈辐射状，倒入PDA，接种活化菌丝培养至菌丝长至牙签前部。油菜终花期选取健康油菜植株，在离地面30～50cm的油菜植株茎秆处打孔，然后插入带菌牙签，保鲜膜包裹。

②菌丝琼脂块接种。初花期选取健康油菜植株，取菌落边缘8mm菌丝块，带菌丝的

一面贴于油菜植株中下部相同叶位的叶腋处，菌丝块和茎秆外围以保鲜膜包裹，保持湿度。

③调查统计。接种3d后观察病斑沿茎秆方向的扩展情况，并去掉保鲜膜。6d后测量病斑长度，共测量3次。

五、实验结果与思考

1. 每人完成油菜菌核病的牙签接种和琼脂接种，在不同品种群体中采用两种方法接种3株油菜，同时自然发病作为对照。

2. 每人调查全班接种植株的病斑长度，计算平均值，记入表54。同时描述各品种在接种后不同时间的病斑状态，并拍照记录。

表54　接种植株的病斑调查表

品种	方法	病斑	接种天数				
			3 d	6 d	9 d	12 d	15 d
1	牙签	状态					
	琼脂块	长度					
		状态					
		长度					
2	牙签	状态					
	琼脂块	长度					
		状态					
		长度					

附图：

3. 调查自然发病状态下各品种不同病害级别的植株数，并计算发病率和病情指数。自然发病鉴定时，在田间每一品种的前、中、后三个区域各随机选取30株，结果填入表55。

表55　自然条件下油菜菌核病调查表

品种	调查位置	病害级别					总株数（个）	发病率（%）	病情指数
		0	1	2	3	4			
1	Ⅰ								
	Ⅱ								
	Ⅲ								
	平均								
2	Ⅰ								
	Ⅱ								
	Ⅲ								
	平均								

4. 对油菜各品种的菌核病抗感性进行评价，结果填入表56。

表56　油菜各品种菌核病的抗感性评价

品种	鉴定方法	抗感性
1	牙签	
	琼脂块	
	自然条件	
2	牙签	
	琼脂块	
	自然条件	

5. 你认为本实验有哪些不足之处，如何改进?

6. 通过本实验谈谈你对油菜菌核病的认识以及该病害对油菜产量的影响。

7. 假如你将来研究油菜菌核病，请结合育种知识拟一个研究题目，设计技术路线，并简单列出实验步骤。

实验七　油菜杂交种的综合评价

一、实验目的

1. 学习油菜考种及产量测定方法。
2. 了解和掌握油菜形态特征和品质性状。
3. 对油菜杂交种进行综合性评价，筛选出适宜本区域的油菜新组合。

二、实验原理

油菜杂交组合可以从生育时期、农艺性状、产量性状、品质性状、抗病性和抗逆性等方面进行综合评价。生育时期可在田间调查油菜蕾薹期、初花期、终花期和成熟期；部分农艺性状如叶片颜色与形状、花瓣颜色可根据育种家的经验在田间判断选择，其他与株型相关的农艺性状如株高、主花序长度、有效分枝高度、分枝角度等可通过直尺、量角器测量。油菜抗病性主要鉴定菌核病、病毒病两种病害；油菜抗逆性主要指油菜的抗寒性和抗倒伏性。田间一般采用随机区组设计，重复3次，在全生育期对以上性状进行调查，并开展综合评价，最后推荐优良新组合进一步参加品种多点比较试验。

高产是作物育种的主要目标，油菜的单产取决于单位面积株数和单株产量，而单株产量是由单株有效角果数、每果粒数和千粒重3个因素构成。对于单位面积来说，其总的有效角果数是变异最大的因素，它的增加依赖于单位面积株数和单株角果数的提高。

鉴于有关研究，一般认为菜籽油中的芥酸在人体中吸收慢，利用率低，也可能会引起心肌损伤，榨油后余留的菜籽饼粕中所含的硫代葡萄糖苷（硫苷）可水解成有毒物质。因此，目前，我国以榨取菜籽油为主要用途的推广油菜主要为双低油菜品种。根据农业行业标准NY/T 415—2000，双低油菜要求油菜籽中芥酸含量≤5%，硫代葡萄糖苷含量≤

45μmol/g；国家标准 GB/T 11762—2006 要求油菜籽中芥酸含量≤3%，菜籽饼粕中硫代葡萄糖苷含量≤45μmol/g。在油菜其他用途中，针对优质油菜的综合品质，学者们提出了 4 个方面的指标：①低芥酸（1%以下）、低硫代葡萄糖苷（每克菜籽饼粕含 30μmol 以下）、低亚麻酸（3%以下）；②高油分（45%以上）；③高蛋白（占种子重的 28%以上，或饼粕重的 48%以上）；④油酸含量达 60%以上。另外，为满足工业需要还提出了高芥酸（55%以上）指标。这些指标可根据油菜不同用途分项指导油菜育种。

三、实验器具与材料

1. 实验材料　多个油菜“三系”或“两系”杂交种。

2. 实验器具　籽粒考种仪、近红外光谱分析仪、剪刀、纸袋、种子网袋、天平、卷尺、铅笔、吊牌等。

四、实验内容与步骤

每个班级 4 人一组，分别对以下内容进行观察和记录。

1. 生育时期观察记录

（1）播种期。实际播种日期（以年月日表示，下同）。

（2）出苗期。预选密度的 75%幼苗出土，子叶平展张开。穴播以穴计算，条播以面积计算。

（3）抽薹期。50%以上植株主茎开始延伸，主茎顶端离子叶节达 10cm。

（4）初花期。全区有 25%的植株开始开花。

（5）终花期。全区有 75%以上花序完全谢花（花瓣变色，开始枯萎）。

（6）成熟期。全区有 50%以上角果转黄变色，且种子呈成熟色泽（以主花序中上部的角果为考察对象，当果皮呈现成熟色泽即成熟）。

（7）全生育期。播种至成熟天数。

2. 室内考种项目与方法　成熟期进行考种，每个组每个品种在同一位置连续选取具有典型性状、健康的成熟油菜植株 5 株，分别进行以下考察。

（1）株高。自子叶节至全株最高部分的长度，以“cm”表示。

（2）第 1 次有效分枝数。指主茎上具有一个以上有效角果的第 1 次分枝数。

（3）第 1 次有效分枝部位（即有效分枝高度）。指第 1 次有效分枝离子叶节的长度，以“cm”表示。

（4）主花序有效角果数。主花序上有一粒以上饱满或欠饱满种子的全部角果数，以“cm”表示。

（5）角果密度。采用主花序有效角果数与主花序有效长度的比值表示，即角果密度=有效角果数/主花序有效长度。

（6）单株有效角果数。全株含有一粒以上饱满或欠饱满种子的角果数。

（7）每角粒数。自主轴随意摘取 20 个正常荚角（第 1 个和倒数第 1 个必取），计算平均每角饱满或欠饱满的种子粒数。

（8）单株产量。考种单株的实际平均单株产量。

(9) 千粒重。在晒干（含水量不高于10%）、纯净的种子（单位面积产量测定的菜籽）内，用对角线、四分法或分样器等方法取样3份，分别称量，取平均值，以“g”表示。

(10) 单位面积产量。收获1m²小区的植株角果，脱粒，待种子晒干后（含水量不高于10%），用电子天平准确称出产量（kg），保留到小数点后3位。

3. 品质性状测定 将测定单位面积产量时收获的油菜籽，用对角线、四分法或分样器等方法取样3份，用近红外仪测定相关品质性状。

4. 菌核病抗性调查 成熟时调查1次，并计算发病率和病情指数，方法见课程三实验六。

5. 抗倒伏性 成熟前进行目测调查，主茎下部与地面角度在80°以上者为“直”；45°～80°者为“斜”；小于45°者为“倒”；并注明倒伏原因和日期。

五、实验结果与思考

1. 油菜各杂交组合的性状和特征特性记入表57至表60（CK选用当前四川省油菜生产上的主推品种）。

表57 油菜各品种的生育时期记录表

编号	品种名称	播种期	出苗期	抽薹期	初花期	终花期	成熟期	全生育期
1								
2								
3								
4								
5								
6								
……								
CK								

表58 油菜各品种的考种记录表（平均值）

编号	品种名称	株高（cm）	有效分枝高度（cm）	单株有效角果数（个）	第一有效分枝数（个）	每果粒数（粒）	千粒重（g）	单株产量（g）	1m²小区产量（kg）	估测值（kg/hm²）
1										
2										
3										
4										
5										
6										
……										
CK										

表 59　油菜各品种的品质性状记录表（平均值）

编号	品种名称	水分（%）	蛋白质（%）	脂肪（%）	芥酸（%）	硫代葡萄糖苷（μmol/g）	油酸（%）	亚油酸（%）	亚麻酸（%）
1									
2									
3									
4									
5									
6									
……									
CK									

表 60　油菜各品种的其他性状记录表（株叶形态、抗病性、倒伏性、杂株率等，可选做）

编号	品种名称	菌核病病情指数	倒伏性	杂株率（%）		
1						
2						
3						
4						
5						
6						
……						
CK						

2. 根据以上结果对油菜各品种进行综合评价，推荐出你认为最有生产潜力或可推广的油菜品种（可以从油菜的用途、节本增效以及农民需要等各方面进行总结）。

3. 结合所学知识、本实验结果以及了解到的油菜生产，谈谈你对油菜农业生产有什么建议？

实验八　玉米杂交实验

一、实验目的

1. 了解玉米花器官构造和开花习性。
2. 初步掌握玉米杂交和自交技术。

二、实验原理

1. 玉米花器构造 玉米为雌雄同株异花植物，自然杂交率高达95%以上。

（1）雄穗着生于植株顶部，由主茎的生长锥分化而成，属圆锥花序。雄穗主轴上生有侧枝，在主轴和侧枝上着生二列或二列以上的成对小穗。每对小穗中，一个有柄，位于上方，先开花；另一个无柄，位于下方，后开花。每个小穗有护颖2枚，小花2朵。每朵花有内、外颖各1片，中间有雄蕊3枚，花药2室。每个花药具有花粉粒2 500～3 500粒，全穗有2 000万粒以上。

（2）雌穗由叶腋内的腋芽发育而成。每一植株除了最上部的4～5个叶腋内不能产生腋芽外，其余各节的叶腋中均能产生腋芽。但是，一般品种在通常的栽培条件下只有植株上部往下6～7节处的腋芽才能发育1～2个果穗。其余各节的腋芽在植株生长发育的早期阶段，就自行停止生长而消失，只留下一个很小的痕迹。雌穗属于肉穗花序，其上着生许多纵行排列的成对小穗。小穗无柄，基部有护颖2枚，小花2朵，其中一朵可育，一朵退化，可孕小花由内外颖和雌蕊组成。由于雌小穗成对着生，玉米果穗上的粒行数都是偶数排列。雌蕊由子房、花柱和柱头组成，抽出的花丝为柱头的延长物，各部分均可授粉。

2. 玉米开花习性 在同一植株上，雄穗抽出时间一般比雌穗早2～4d，具有雄花先熟的特征。在正常情况下，抽穗后2～5d开始散粉。雌穗吐丝一般要比雄穗开花迟3～5d，在干旱情况下可延迟7～8d。因此，玉米是典型的异花授粉作物。

雄穗一般是主轴上中部的花先开，然后向两端依次开放，侧枝开花是自上而下。开花盛期是在开花后2～5d，其中60%的花朵集中在开花后的3～4d，此时是采集花粉的最佳时期。整个雄穗从开花开始到结束需7～8d，但因品种和环境的不同而有差异。玉米开花的最适温度为25～32℃，相对湿度为50%～70%。在一天内，玉米开花最盛时间是8：00—11：00，散粉最盛时间是9：00—10：00，这是授粉的最好时机。在田间条件下，花粉寿命一般可维持5～6h，如果将花粉放在温度为3～10℃、相对湿度为50%～80%的条件下，花粉寿命可维持24h以上。雄穗散粉后2～4d，同株上的雌穗开始吐丝。吐丝次序以果穗中部偏下开始，然后向上、向下依次进行，顶部的花丝抽出最晚。整个果穗从开始吐丝到结束，一般需要2～5d。花丝一经抽出，就有授粉能力，但以吐丝后2～4d授粉能力最强。如果花丝吐出后得不到授粉，可继续向前伸长达40cm以上，一经授粉，雌蕊花丝很快就变软萎蔫。雌穗花丝的授粉能力，一般可维持10～14d，但抽出花丝7d以后授粉，结实率显著降低。

玉米花粉很小很轻，靠风传播。在一般情况下，雄穗上的花粉呈圆锥体落于植株周围6～8m的空间处，风大时可传至500m以外。花粉落于柱头后10min，便可伸出花粉管，花粉管刺入柱头，不断向前伸长，通过花柱进入子房，再经株孔直达胚囊。授粉后20～26h，即可受精。

三、实验器具与材料

1. 实验材料 玉米植株若干。

2. 实验器具　大羊皮纸袋、小羊皮纸袋、回形针、纸牌、剪刀、大头针、铅笔等。

四、实验内容与步骤

（一）玉米自交实验

1. 雌穗套袋　选择需要自交的植株，在雌穗吐丝以前用羊皮纸袋套住，以免非本株花粉落入混杂。如果是双果穗或多果穗材料，应选择最上方的一个果穗套袋。

2. 雄穗套袋　观察雌穗吐丝情况，当雌穗吐丝且花丝长度达5cm以上后可对其授粉。授粉的前一天，用大羊皮纸袋将本株雄穗套住，袋口紧紧包住雄蕊基部（穗柄）折叠好，并用回形针卡紧。

3. 授粉　隔日上午待羊皮纸袋上的露水干燥后，用左手轻轻弯下套袋的雄穗，右手轻拍纸袋，使花粉落入袋内，然后取下纸袋紧闭袋口，切忌手指伸入纸袋，更不能触及袋内的花粉。再将袋口微微向下倾斜，轻拍纸袋，以使袋内花粉集中于袋口中间。然后用头戴草帽遮住套袋果穗的上方，轻轻将小羊皮纸袋取下，把大羊皮纸袋内的花粉均匀撒在花丝上，立即将小羊皮纸袋套回。授粉时动作务必轻快，切忌触动周围植物，以免串粉混杂。

自交授粉后，立即在自交果穗上拴牌。重要材料还要做好登记，以防纸牌丢失发生差错或漏收。纸牌上用铅笔注明材料名称（或行号）、授粉方式、授粉日期、操作者姓名。一株授粉结束后，将身体上的花粉清理干净，再对第2株进行授粉工作。

4. 授粉后管理　授粉后一周内，要经常注意纸袋和纸牌是否完好，因为随着果穗的生长增大，容易将其顶掉，所以要注意及时套好。

5. 收获、保存　自交果穗成熟后，要及时收获。将果穗与纸牌拴在一起，晒干后分别脱粒装袋保存。除把纸牌装入袋内，袋上还必须写明材料名称和自交符号。

（二）玉米杂交技术

玉米人工杂交工作中的套袋、授粉和管理工作等与自交技术基本相同，只是所用的雄穗是作为杂交父本的另一个自交系（或品种）而不是同株雄穗。授粉后的纸牌上应注明杂交组合名称或母、父本的行号（♀×♂）。收获后，先将同一组合的果穗及纸牌装袋收获，经查对无误时，再将同一组合的果穗混合脱粒，晒干保存。

五、实验结果与思考

1. 熟悉玉米的花器构造。

2. 每人按照指定组合，从母本品种中选择2株，对果穗套上隔离纸袋，写明母本名称。套袋后，定期观察套袋果穗的吐丝情况，记入表61中。果穗成熟后，按照组合收获，剥去苞叶，钉上纸牌，晒干，然后交给实验指导老师。

表61　玉米的自交和杂交技术

雄穗套袋编号	雌穗套袋编号	杂交组合	是否结实/是否出现明显混杂

实验九　玉米 DUS 测定

一、实验目的

明确 DUS 的概念，掌握玉米 DUS 测定的方法，以及在新品种审定中的地位。

二、实验原理

品种 DUS 三性：即品种的特异性、一致性和稳定性，简称 DUS 三性。特异性是指本品种具有一个或多个不同于其他品种的形态、生理等特征；一致性是指同品种内个体间植株性状和产品主要经济性状的整齐一致程度；稳定性是指繁殖或再组成本品种时，品种的特异性和一致性能保持不变。

1. 品种特异性测定　依据“两个品种在一个测试点上有明显差异，这两个品种就是独特的”这一标准进行测定。

（1）质量性状。两个品种有明显差异。

（2）数量性状。根据“最小意义差异法”，如出现 1%的误差，就必须考虑差异是明显的。

2. 品种一致性测定　在测定时必须考虑品种的繁殖特性。

（1）玉米是异花授粉品种，包括合成品种，变异比较广泛，应通过与已知的对照品种进行比较。

（2）品种样品的量，如果一个品种的差异超过了对照品种平均方差的 1.6 倍，则该品种被认为是不均质的。

（3）杂交种中的单交种，应按自花授粉品种样本大小及最大限度可接受的异型个体数处理。

3. 品种稳定性测定　新品种的基本特征必须稳定，即新品种经繁殖后，或在育种家确定的特殊繁殖周期的地方，每个周期结束时，该品种的特性必须与原来的说明一致。

三、实验器具与材料

玉米单交种、近似单交种（CK）植株若干。

四、实验内容与步骤

1. 在教师指导下，通过集中讲解，明确要求，统一标准，并进行操作示范。每 2 人一组，分别取样调查，发现问题教师及时予以纠正。

2. 调查的生育时期为苗期、抽雄期、散粉期、抽丝期、收获期。

3. 每小组调查 30 株，要求逐株仔细观察，并拍照保存。

五、实验结果与思考

1. 调查结束后，及时对资料进行处理，并填写玉米 DUS 测试技术问卷。

2. 为什么说玉米 DUS 测定在品种审定和新品种保护中具有重要地位？

玉米DUS测试技术问卷

（申请测试人签字或签章）

C.1　品种暂定名称：____

C.2　申请测试人信息
姓名：
地址：
电话号码：　　　　　　　　　传真号码：　　　　　　　　　手机号码：
邮箱地址：
育种者姓名（如果与申请测试人不同）：

C.3　植物学分类

C.3.1 普通型（马齿型、半马齿型、硬粒型、粉质型、甜粉型、有稃型）[　]
（*Zea mays* L. *indentata* Sturt、*Zea mays* L. *semindentata* Kulesh、*Zea mays* L. *indurata* Sturt、*Zea mays* L. *amylacea* Sturt、*Zea mays* L. *amylacea-saccharata* Sturt、*Zea mays* L. *tunicata* Sturt ）

C.3.2 甜质型 [　]
Zea mays L. *seccharata* Sturt

C.3.3 糯质型 [　]
Zea mays L. *sinesis* Kulesh

C.3.4 爆裂型 [　]
Zea mays L. *everta* Sturt

C.4　品种类型

C.4.1　自交系　[　]
C.4.2　单交种　[　]
C.4.3　三交种　[　]
C.4.4　双交种　[　]
C.4.5　群体　[　]
C.4.6　开放授粉品种　[　]

C.5　申请品种的代表性彩色照片

C.6　品种的选育背景、育种过程和育种方法，包括系谱、培育过程和所使用的亲本或其他繁殖材料来源与名称的详细说明

C.7 适宜生长的区域或环境以及栽培技术的说明

C.8 其他有助于辨别申请测试品种的信息
（如品种用途、品质抗性，请提供详细资料）

C.9 品种种植或测试是否需要特殊条件
是 [ ] 否 [ ]
（如果是，请提供详细资料）

C.10 品种的繁殖材料保存是否需要特殊条件
是 [ ] 否 [ ]
（如果是，请提供详细资料）

C.11 品种需要指出的性状
在下表相符的代码后 [ ] 中打√，若有测量值，请填写在表中。

申请测试品种需要指出的性状

性状	表达状态	代码	测量值
抽雄期（性状 3）	极早	1 [ ]	
	极早到早	2 [ ]	
	早	3 [ ]	
	早到中	4 [ ]	
	中	5 [ ]	
	中到晚	6 [ ]	
	晚	7 [ ]	
	晚到极晚	8 [ ]	
	极晚	9 [ ]	
* 散粉期（性状 4）	极早	1 [ ]	
	极早到早	2 [ ]	
	早	3 [ ]	
	早到中	4 [ ]	
	中	5 [ ]	
	中到晚	6 [ ]	
	晚	7 [ ]	
	晚到极晚	8 [ ]	
	极晚	9 [ ]	
抽丝期（性状 5）	极早	1 [ ]	
	极早到早	2 [ ]	
	早	3 [ ]	
	早到中	4 [ ]	
	中	5 [ ]	
	中到晚	6 [ ]	
	晚	7 [ ]	
	晚到极晚	8 [ ]	
	极晚	9 [ ]	

（续）

性状	表达状态	代码	测量值
植株：上部叶片与茎秆夹角（性状 6）	极小 极小到小 小 小到中 中 中到大 大 大到极大 极大	1［　］ 2［　］ 3［　］ 4［　］ 5［　］ 6［　］ 7［　］ 8［　］ 9［　］	
叶片：弯曲程度（性状 8）	无或极弱 极弱到弱 弱 弱到中 中 中到强 强 强到极强 极强	1［　］ 2［　］ 3［　］ 4［　］ 5［　］ 6［　］ 7［　］ 8［　］ 9［　］	
* 雄穗：颖片基部花青苷显色强度（性状 9）	无或极弱 极弱到弱 弱 弱到中 中 中到强 强 强到极强 极强	1［　］ 2［　］ 3［　］ 4［　］ 5［　］ 6［　］ 7［　］ 8［　］ 9［　］	
* 雄穗：侧枝与主轴夹角（性状 13）	极小 极小到小 小 小到中 中 中到大 大 大到极大 极大	1［　］ 2［　］ 3［　］ 4［　］ 5［　］ 6［　］ 7［　］ 8［　］ 9［　］	
* 雄穗：侧枝弯曲程度（性状 14）	无或极弱 极弱到弱 弱 弱到中 中 中到强 强 强到极强 极强	1［　］ 2［　］ 3［　］ 4［　］ 5［　］ 6［　］ 7［　］ 8［　］ 9［　］	

（续）

性状	表达状态	代码	测量值
*雌穗：花丝花青苷显色强度（性状 15）	无或极弱 极弱到弱 弱 弱到中 中 中到强 强 强到极强 极强	1 [ ] 2 [ ] 3 [ ] 4 [ ] 5 [ ] 6 [ ] 7 [ ] 8 [ ] 9 [ ]	
*雄穗：一级侧枝数目（性状 18）	极少 极少到少 少 少到中 中 中到多 多 多到极多 极多	1 [ ] 2 [ ] 3 [ ] 4 [ ] 5 [ ] 6 [ ] 7 [ ] 8 [ ] 9 [ ]	
果穗：穗行数（性状 31）	极少 极少到少 少 少到中 中 中到多 多 多到极多 极多	1 [ ] 2 [ ] 3 [ ] 4 [ ] 5 [ ] 6 [ ] 7 [ ] 8 [ ] 9 [ ]	
果穗：形状（性状 32）	锥形 锥形到筒形 筒形	1 [ ] 2 [ ] 3 [ ]	
*籽粒：类型（性状 38）	硬粒型 偏硬粒型 中间型 偏马齿型 马齿型 甜质型 爆裂型 糯质型 粉质型	1 [ ] 2 [ ] 3 [ ] 4 [ ] 5 [ ] 6 [ ] 7 [ ] 8 [ ] 9 [ ]	

（续）

性状	表达状态	代码	测量值
* 仅适用于单色玉米 籽粒：顶端主要颜色（性状 39）	白色 浅黄色 中等黄色 橙黄色 橙色 橙红色 红色 紫色 褐色 蓝黑色	1 [ ] 2 [ ] 3 [ ] 4 [ ] 5 [ ] 6 [ ] 7 [ ] 8 [ ] 9 [ ] 10 [ ]	
仅适用于单色玉米 籽粒：背面主要颜色（性状 40）	白色 浅黄色 中等黄色 橙黄色 橙色 橙红色 红色 紫色 褐色 蓝黑色	1 [ ] 2 [ ] 3 [ ] 4 [ ] 5 [ ] 6 [ ] 7 [ ] 8 [ ] 9 [ ] 10 [ ]	
* 穗轴：颖片花青苷显色强度 （性状 42）	无或极弱 极弱到弱 弱 弱到中 中 中到强 强 强到极强 极强	1 [ ] 2 [ ] 3 [ ] 4 [ ] 5 [ ] 6 [ ] 7 [ ] 8 [ ] 9 [ ]	

注：* 为必须检测项目。

C.12　与近似品种的明显差异性状表达状态描述

在自己知识范围内，申请测试人列出申请测试品种与其最为近似品种的明显差异，并填入下表中。

申请测试品种与其最为近似品种的差异记录表

近似品种名称	性状名称	近似品种表达状态	申请品种表达状态

注：提供可以帮助测试机构对该品种以更有效的方式进行特异性测试的信息。

实验十　水稻有性杂交实验技术

一、实验目的

1. 熟悉水稻花器官构造及开花习性。
2. 初步掌握水稻有性杂交的方法与技术。
3. 熟悉水稻杂交育种的一般程序。

二、实验原理

水稻为雌雄同花的自花授粉作物，花序为圆锥花序，由主轴、枝梗（一次枝梗、二次枝梗）、小穗梗、小穗组成。水稻的花称为颖花，通常每个小穗只有 1 朵颖花，颖花由内颖、外颖、护颖、副护颖、浆片、雌雄蕊组成。雌蕊位于花的中央，通常只有 1 个。子房 1 室，内含 1 胚珠。柱头有 1 个分叉，呈羽毛状，子房与外颖间有 2 个无色的小浆片，雄蕊 6 枚，每 3 个排为一列。每个雄蕊包括花丝、花药两部分，花药 4 室，每个花药内约有 1 000 粒甚至更多的花粉。一般籼稻品种穗顶端小穗从剑叶鞘抽出的当天开始开花，不育系、粳型品种要抽出一天后开始开花，抽穗后第 2、3 天的开花量最大。一朵颖花从开颖到全开放一般要 1min，全开后约 30min 即逐渐闭合。未得花粉，即未受精的颖花可延续开放 1h。气温高、天气晴朗时开花较早，阴天开花迟，雨天可全天不开。水稻的开花顺序为：同一株内主茎先开，然后是第 1 分枝、第 2 分枝；同一穗内最上部的稻梗先开，依次向下，最下部的最后开；同一枝梗上，顶端第 1 朵颖花先开，接着是最基部的颖花开放，依次向上，顶端第 2 朵颖花开花最迟，称为弱势花。开颖的同时花丝伸长，花药裂开，花粉落到雌蕊柱头，完成授粉。成熟花粉的生活力，散粉后只能维持几分钟，但未离开花药的花粉粒可维持数小时。柱头在开颖后 3d 都有受精能力，去雄后当日和翌日授粉，结实率最高。

三、实验器具与材料

1. 实验材料　花期相遇的水稻品种植株。

2. 实验器具　盛有 47℃左右热水的热水瓶、温度计、剪刀、镊子、牛皮纸袋（7cm×20cm）、回形针、塑料牌、铅笔、真空泵等。

3. 实验试剂　70%乙醇、1%I_2-KI 溶液。

四、实验内容与步骤

（一）选株选穗

用作母本的植株应具有该品种的典型性状，生长健壮、无病虫害。选取稻穗已伸出剑叶鞘 3/4 或全部、前一天已开过少量花的稻穗用于去雄，这样的稻穗有大量即将开放的颖花供去雄用。对选好的母本植株可移栽到一个盆钵中，进行去雄杂交。

（二）去雄

水稻去雄有3种方法，分别为温汤去雄法、剪颖去雄法和真空去雄法。

1. 温汤去雄法

（1）在自然开花前1～1.5h，用冷水把热水瓶中的热水温度调节到43～45℃，一般籼稻用43～44℃，粳稻用44～45℃，切勿提高水温以免烫死雌蕊。

（2）将母本穗小心地倾斜插入调好水温的热水瓶中，持续5min，注意不要延长处理时间，切忌稻穗折断。

（3）取出稻穗，抖去穗上积水。

（4）5～10min后，用剪刀先剪去处理后未开放的颖花，然后将已开放的颖花斜向剪去上端1/3。

2. 剪颖去雄法

（1）整穗。在杂交前一天15：00以后至当天水稻开花前1h这段时间内，用剪刀将穗部已开过的颖花和2～3d内不会开花的幼嫩颖花剪去。

（2）剪颖。将保留的颖花用剪刀逐一斜剪，剪去其上端1/3左右的颖壳。

（3）去雄。用镊子轻轻地将每朵颖花内尚未成熟的6枚黄绿色花药全部完整取出，如去雄时花药破裂或已有成熟花药散粉，则应去除该小穗，并将镊子放入乙醇溶液杀死所蘸花粉。有的粳稻品种颖壳厚，用温汤去雄法不易烫死雄蕊，温汤处理后也不易促使颖壳张开，必须采用这种去雄方法。

3. 真空去雄法

（1）整穗、剪颖。方法同剪颖去雄法。

（2）去雄。将连接在真空泵吸气孔的皮管另一端接上吸雄管（即斜剪一刀的200μL移液管或直径相当的玻璃滴管）。打开真空泵开关。左手稳住颖花，右手捏住吸雄管对准剪开的颖花，利用吸力将其中的6枚花药全部完整吸出。这种去雄方法一般不会碰到柱头。

（三）套袋隔离

将去雄后的稻穗套上牛皮纸袋，下端斜折，用回形针固定，以待授粉。

（四）抖粉授粉

（1）选择具有父本品种典型性状、生长健壮的植株。

（2）将正处于盛花期的父本穗小心剪下，或在母本去雄后立即选择当天可开较多花的父本穗逐一剪去每个颖花1/2的颖壳，剪下稻穗插在母本植株附近的田中，待花药伸出开始散粉时可进行授粉。

（3）打开已去雄稻穗上端折叠的纸袋口，将正在开花的父本穗插入纸袋上方，凌空轻轻抖动和捻转几次，使花粉散落在母本柱头。

（五）挂牌记录

授粉后将纸袋口重新折叠好。用铅笔在纸袋上写明组合代号或名称。最好将杂交日期及操作者姓名写在塑料牌上，挂在穗颈基部，并在工作本做好记录。

（六）收获

一般杂交21～25d收获最佳，过早则杂交种子尚未蜡熟，过迟则增加杂交种子露出颖壳部分被黏虫啃食的风险。

五、实验结果与思考

1. 分组观察水稻的花序结构和颖花构造，观察水稻的开花习性，比较不同品种在开花习性上有何差异。

2. 授粉1周后检查两种杂交方法的杂交穗各一个，记录其结实率。3周后再次检查杂交穗，记录其结实率，统计杂交结果，撰写实验报告。

实验十一　烟草转基因瞬时表达

一、实验目的

1. 了解农杆菌介导的植物转基因基本方法。

2. 观察绿色荧光蛋白（GFP）在植物中的瞬时表达，初步了解植物基因遗传转化的流程和方法。

二、实验原理

转基因育种是通过现代分子生物学技术将一个或多个基因添加到目标作物基因组中，从而对目标作物进行定向改良的技术。但是，常见作物转基因周期较长，且部分性状需后续测定，因此很难应用于教学。为了使学生更明确作物转基因原理和方法，本实验采用绿色荧光蛋白在烟草中的瞬时表达模式。

绿色荧光蛋白由于其直观性在转基因工作中被广泛应用，其在扫描共聚焦显微镜的激光照射下会发出绿色荧光，从而可以精确定位蛋白质的位置。GFP是一个由约238个氨基酸组成的蛋白质，从蓝光到紫外线都能使其激发，发出绿色荧光。通过基因工程技术，绿色荧光蛋白基因能转入不同物种的基因组，在后代中持续或瞬时表达，并且能根据启动子特异性表达。

使用GFP必须构建融合蛋白载体，并在转染之后能有效表达。因此，若在荧光显微镜下看到细胞内某一部位存在GFP信号，说明和GFP融合的蛋白也存在于该部位，这样就达到了确定某物质亚细胞定位的目的。

三、实验器具与材料

1. 实验材料　烟草植株、带有不同亚细胞定位GFP信号的农杆菌菌株、空菌株。

2. 实验器具　离心机、紫外分光光度计、注射器、荧光显微镜等。

四、实验内容与步骤

1. 植物材料培养　将本氏烟草（*Nicotiana benthamiana*）种子均匀撒播在直径10cm、高15cm的容器中，培养介质为Pindstrup（24℃，16h光照）。10d后将幼苗单株移栽于相同条件下。待植株生长2周左右即可用于农杆菌侵染。

2. 农杆菌准备

(1) 取−80℃保存的含有GFP标记的农杆菌菌株及对照菌株(CK)涂布于含有对应抗生素的LB培养基上。GFP对应终浓度为50μg/mL的卡那霉素(Kan)和利福平(Rif),CK对应终浓度为50μg/mL的利福平(Rif)。将平板倒扣于28℃培养36h。

(2) 挑取单克隆。用含有对应抗生素的LB培养液培养36h至OD_{600}为1.0~1.5。将400μL菌液加入含有相应抗生素的10mL LB培养基培养过夜,其OD_{600}约为1.0。

(3) 向每10mL培养基中加入1μL 1mol/L乙酰丁香酮[acetosyringone,AS,用二甲基亚砜(DMSO)配置,保存于−20℃,终浓度为100 μmol/L]再培养2~3h。此时,将在24℃温室生长的本氏烟草转移至28℃培养箱。将植物置于托盘并加入足够多的水使气孔充分打开以利于侵染。

(4) 2~3h后,将菌液离心3 000g 5min。

(5) 倒掉上清液,加入5mL的侵染介质进行重悬[5mmol/L $MgCl_2$、5mmol/L 2-吗啉乙磺酸(MES),用KOH或NaOH调到pH 5.7]。在重悬农杆菌时再加入AS至终浓度为100μmol/L。重悬时一定要非常小心缓慢。

(6) 测定OD_{600}并将菌液浓度利用侵染介质(加入100μmol/L AS)调至OD_{600}为1.0。将菌液放置于28℃摇床中继续培养20min。

(7) 利用1mL的注射器(不带针头),吸取菌液,选用完全伸展的叶片(烟草植株4~5片真叶展开后去顶芽,去顶芽1周后完全平展后的叶片),轻轻注射到叶片的背面。3~4d后,利用荧光显微镜观察结果。

五、实验结果与思考

1. 每小组同学选取1~2株烟草进行转化,适时观察结果并利用拍照、图示、说明等方法进行呈现。
2. 小组间进行结果比对并分析差异产生的可能原因,撰写实验报告。

实验十二 转基因玉米种子的PCR检测

一、实验目的

1. 了解转基因种子的鉴定方法。
2. 掌握DNA提取的方法。
3. 学习PCR检测的流程。

二、实验原理

随着全球植物转基因品种的推广应用,转基因种子的应用越来越广泛。目前,常用的转基因种子检测方法包括定性PCR检测技术、实时荧光定量PCR检测方法、特异蛋白质检测方法和生物表型检测方法。定性PCR检测技术根据其特异性的不同可以分为四类:筛查法、基因特异性方法、构建特异性方法和转化事件特异性方法。筛查法是对转基因种子中的通用元件进行检测，包括启动子、终止子、报告基因 NPT-Ⅱ等；基因特异性方法是指对插入的目的基因（DNA 序列或特定因子）进行检测；构建特异性方法是指通过检测外源插入载体中两个元件的连接区 DNA 序列来确定基因构建方式的检测方法；转化事件特异性方法是指通过检测外源插入载体与植物基因组的连接区序列鉴定含有相同外源 DNA 的不同转基因生物（GMO）。

三、实验器具与材料

1. 实验材料 转 *Bt176* 基因玉米种子。

2. 实验器具 小量 DNA 提取试剂盒、PCR 反应所需试剂、离心机、PCR 仪、琼脂糖凝胶电泳检测系统等。

四、实验内容与步骤

1. DNA 提取与纯化 采用植物组基因组小量 DNA 提取试剂盒进行转基因玉米种子 DNA 的提取。使用 1.5%琼脂糖凝胶电泳检测 DNA 的质量。

2. 玉米种子 DNA 的定性 PCR 根据《农业部 869 号公告-8—2007：抗虫和耐除草剂玉米 *Bt176* 及其衍生品种定性 PCR 方法》中规定的信息合成物，对步骤 1 中提取的 DNA 进行扩增。以提取的 DNA 为模板，PCR 反应体系为：去离子水 6μL，上、下游引物各 1μL，2×Taq Plus PCR MasterMix 10μL，DNA 模板 2μL，并设置阴性对照、阳性对照和空白对照。PCR 反应的条件：95℃、7min，94℃、30s，60℃、30s，72℃、2min，共 35 个循环，再 72℃延伸 7min。

3. 琼脂糖凝胶电泳检测 取 15μL PCR 产物用 2%琼脂糖凝胶电泳检测，电压 100V，50min。观察结果。

五、实验结果与思考

1. 分析哪组同学使用的种子是转基因种子，并明确原因。
2. 思考种子生产过程中转基因种子检测的方法还有哪些？它们依据的原理是什么？

课程四

种子生产学

实验一　油菜杂交种亲本的繁殖与制种技术

一、实验目的

1. 了解油菜杂交种亲本的繁殖方法。
2. 掌握油菜杂交种亲本的制种技术。

二、实验原理

目前，选育或生产上推广的油菜品种主要是杂交种，包括以细胞核不育系为母本创制的“两系”杂交种和以核质互作不育系为母本创制的“三系”杂交种。通常在杂交种生产过程中需要同时进行杂交种亲本的繁殖，因为其母本是不育系，所以在生产中根据“两系”或“三系”不育系分别采用不同的繁殖技术，父本是基因型纯合的恢复系，所以，父本繁殖采用隔离区自交即可。

如果“两系”不育性是由一对隐性核基因控制的，繁殖母本不育系需要在隔离区进行，保证无其他花粉污染。在母本开花前或初花期，鉴定母本群体内每个单株育性，将群体内的不育株全部进行挂牌标记，待成熟时直接收获挂牌的单株。为避免可育株种子的混杂，也可在花期结束后将没有挂牌的单株全部拔除，成熟时收获保留各单株。收获的种子可用于翌年杂交种种子生产的母本。

生产“两系”杂交种种子时，将不育系的母本行和恢复系的父本行按照3∶1或4∶1的比例种植于隔离区。在父本开花前，鉴定母本群体内每个单株育性，将可育植株拔除。一般需要鉴定2～3次，尽量保证该隔离区内的母本可育株去除干净。如果采用防虫网进行小面积制种，可在父母本开花前或母本去除可育株后将防虫网罩上，以隔离外来花粉，其后放入蜜蜂进行传粉。成熟时收获母本种子。

三、实验器具与材料

1. 实验材料　甘蓝型油菜“两系”杂交种的亲本。

2. 实验器具　防虫网、吊牌。

四、实验内容与步骤

1. 育性鉴定 在田间布置利用防虫网制作的两个隔离区，分别是母本繁殖区和“两系”杂交种种子生产区。2月底或3月初进行相关育性鉴定和实际操作。

2. 种子收获 5月初收获母本种子和杂交种种子，并称种，记录产量。

五、实验结果与思考

1. 记录母本繁殖区内可育株与不育株的比例，利用卡方检验验证该母本不育性的遗传方式。

2. 记录母本种子和杂交种种子的产量。

3. 总结影响杂交种种子纯度的因素，并说明在杂交种中可能混杂哪些其他种子。

4. 根据所学知识，如果进行油菜“三系”杂交种的亲本繁殖和杂交种种子生产，请简要总结主要技术要点。

实验二　自花授粉作物的原种生产

一、实验目的

掌握自花授粉作物原种生产的方法及程序。

二、实验原理

原种生产的途径有两种：一种是由育种家种子直接繁殖；另一种是按照原种生产技术操作规程生产，通过提纯已退化的品种使其达到原种的质量标准。由于育种家种子数量较少，直接繁殖原种的数量难以满足需要，增加繁殖世代，又容易导致混杂退化。因此，原种生产需要按照生产技术操作规程进行。

自花授粉作物，自然异交率一般为1.0％～4.0％。通常只进行一次单株选择，就可以达到防杂保纯的目的。自花授粉作物的原种生产普遍采用“单株选择、分系比较（一次或两次）、混系繁殖”的二圃制或三圃制原种生产方法。近年来，国内许多研究认为，当种子纯度较好时，用二圃法；当纯度差时，应用三圃。以小麦为例进行说明。

1. 单株（穗）选择 单株（穗）选择一般在原种圃、专设的选择圃、低世代种子田或纯度高的大田中进行。选择标准是株（穗）具有本品种的典型性状，不能选奇异株（穗）。选择数量要根据株行圃的面积而定，至少几百株，以防止遗传漂变。小麦每公顷需播种2 500～4 500个株行或15 000个穗行。

2. 株（穗）行鉴定 将当选株（穗）种子编号分别种植，单株（穗）的种子一个小区，即成为一个株（穗）行，每隔一定株（穗）行插入一个对照区。设专人负责生育期间的观察记录，在苗期、抽穗期、成熟期对各株（穗）行进行典型性状观察比较。淘汰不符合典型性状或生长不整齐的杂行、劣行。收获时可先收未当选的株（穗）行，并将其运出田外，留下的当选株（穗）行分别收割、脱粒、贮藏。如采用二圃制，应将当选株（穗）行混收，下一代种成原种圃。

3. 株（穗）系比较　将当选的每株（穗）行种子种一行或几行，称为株系圃。单粒稀播（植），密度均匀一致，每隔一定株（穗）系种植一个对照区。选择典型性、丰产性好且系内整齐一致的株（穗）系混合收获脱粒，安全贮藏，下一代种成原种圃。

4. 混系繁殖　将株系圃混收的种子在原种圃扩大繁殖，经去杂、去劣之后收获种子即为原种。

三、实验器具与材料

小麦原种田或种子田。

四、实验内容与步骤

1. 在教师的带领下，实地考察自花授粉作物二圃制原种生产的株行圃和原种圃。

2. 在教师的指导下，在自花授粉作物某个品种的原种田或种子田中，根据品种的典型性状进行单株（穗）选择。

五、实验总结与思考

1. 试述二圃制原种生产的方法和技术。

2. 每人选择 10 个单株或 20 个单穗，在室内考察有关性状。

实验三　玉米花期调节的关键技术

一、实验目的

1. 依据提供的玉米双亲自交系，了解双亲的基本特性。

2. 正确掌握玉米花期调节技术。

二、实验原理

在玉米制种过程中，根据父母本双亲生育期和总叶片数，进行花期田间预测，并决定调节措施。

1. 花期预测的方法

（1）叶片检查法。在玉米拔节后，检查父母本的叶片数。如果双亲的总叶片数相同，而母本已出叶片数比父本多 1～2 片时，花期相遇良好；如果双亲总叶片数不同，则应依据父母本已出叶片数、出叶速度（已出叶片数/出苗至检查天数）和未出叶片数而定。在苗期至拔节期，以双亲之间的叶差而定，如母本的总叶片数比父本多 1 片叶时，即（1～2）+1 片叶，则花期相遇良好；而在大喇叭期，则是依父母本的未出叶片数而定，如母本的未出叶片数比父本少1～2片叶时，则花期相遇良好，如超过2片或少于1片叶时，则有可能相遇不好。

（2）幼穗鉴定法。在拔节孕穗期，一般有8～10片叶，在制种田选择3～5个有代表性样点，每点取有代表性的父母本植株3～5株，剥去叶片，检查幼穗大小。如果母本的幼穗分化早于父本1个小时期（母本处于小穗期，父本处于小穗原基期）时，即预示花期相遇良好；否则就可能不遇。

2. 花期调节的方法及措施

（1）播种。由于父母本的生育期、总叶片数不同，选择正确的播种方式尤为关键，如同期播种、错期播种。

（2）苗期。如果由于天气、墒情不好等原因，迟播亲本出苗较晚，出现父母本生长快慢不一致时，可采用“促慢控快”法，对生长慢的亲本采取早间苗、早施肥、早松土等措施，促其生长；对生长较快的亲本则采取晚间苗、晚施肥、晚松土等。

（3）拔节孕穗期。对发育慢的亲本，可采取增施肥多浇水，同时喷施20mg/L赤霉素和1%尿素混合液，喷215～450kg/hm^2；或喷施500倍液磷酸二氢钾水溶液225kg/hm^2，可促进出叶速度和叶片生长。喷40mg/L萘乙酸水溶液225kg/hm^2，可使雌穗花丝提前抽出，但对雄穗抽雄散粉影响不大。

（4）大喇叭期。在此期若发现父母本中，一方生长过快，则可采用植株断其侧根和割叶，同时增施氮肥的方式，延缓生长。

三、实验器具与材料

玉米制种田或2个玉米自交系材料。

四、实验内容与步骤

1. 在教师指导下，学生应明确双亲的典型性状、生育时期和总叶片数，参加制种田的播种，掌握关键技术的操作方法。

2. 在实验（习）中，学生自由组队，每队划定面积，并固定下来，责任到人（队）。实行队长负责制，以便教师及时检查指导。

3. 在每个技术环节中，通过教师集中讲解，明确实验要求及操作示范后，学生分组开展具体的操作或取样调查。在操作过程中，教师及时发现问题并予以纠正。

五、实验结果与步骤

1. 根据观察的结果，填写玉米制种田父母本叶片生长速度，填入表62。

2. 采用不同的方法预测该品种父母本花期相遇的情况？将结果填入表63中，并分析推断出花期是否相遇，比较不同方法的效果。

3. 对不能相遇或可能相遇不好的地块，应采取哪些措施？并比较不同措施的效果。

表 62　玉米叶片生长速度系统记录表

田号（或组号）　　　　　第　　点　　　　　　　观察记录员

株号		日期									
		1 日	4 日	7 日	10 日	13 日	16 日	19 日	22 日	25 日	29 日
母本	1										
	2										
	3										
	4										
	5										
	6										
	7										
	8										
	9										
	10										
	总叶片数										
	平均叶片数										
父本	1										
	2										
	3										
	4										
	5										
	6										
	7										
	8										
	9										
	10										
	总叶片数										
	平均叶片数										
父母本相差											
叶片数											

表 63　玉米制种田花期预测结果

项目	拔节后观察		
	第 1 次 （　月　日）	第 2 次 （　月　日）	第 3 次 （　月　日）
父本叶片数			
母本叶片数			
父母本叶片数相差			

（续）

项目	拔节后观察		
	第1次 （ 月 日）	第2次 （ 月 日）	第3次 （ 月 日）
父本未出叶数			
母本未出叶数			
父母本未出叶片数相差			
父本幼穗分化期			
母本幼穗分化期			
父母本幼穗分化期时期相差			

注：表中数据是平均值。

实验四　玉米杂交种生产和亲本繁殖

一、实验目的

通过对玉米杂交种生产和亲本繁殖的实验或实践操作实习，加强理论联系实际的能力，掌握玉米杂交种制种和自交系繁殖技术。

二、实验原理

玉米是异花授粉作物，易发生生物学混杂。大田推广的玉米种子基本都是单交种。玉米杂交种的产量与制种技术密切相关，因此提高种子产量和纯度，是杂交玉米亲本繁殖和杂交制种的中心任务之一。

1. 大田制种

（1）隔离区设置。选择地势平坦、肥力均匀、排灌条件较好地块，用作制种地。选择适宜的隔离方式，要求空间隔离不小于300m，时间隔离在20d以上。

（2）规格播种。掌握合理的行比和花期相遇的措施，以提高产量。父母本的行比依父本花粉量而定，通常为1∶4、1∶6等。在父母本播期调节中，有同期播种和错期播种两种方式。

（3）去杂去劣。根据亲本的典型性状，分别在苗期、拔节期、抽穗期、收获期进行去杂去劣。对父本行要做到逐株检查、彻底去杂，以保证制种质量。

（4）花期预测和调节。根据亲本的形态特征和生长发育特性，进行观察比较，找出花期相遇的规律，准确预测花期是否相遇。花期预测常用的方法有叶片观察法、解剖植株法、幼穗观察法。

（5）母本摸苞去雄。在母本株的雄穗刚露出顶叶而未散粉前及时摸苞拔除，要求及时、干净、彻底。

（6）砍除。在母本父本接受父本花粉7～10d后，及时砍除，防止人为混杂。同时又可增加母本的边际效应，提高产量。

（7）适时收获和穗选。收获时严格按规定的要求进行，同时对果穗进行穗选，实行分晒、分脱、分藏，专人管理。

（8）田间观察记录。制种期间要进行观察记录，建立制种档案。

2. 亲本繁殖　经育种家种子到亲本原种再到亲本大田用种，这里主要用于大田制种亲本的繁殖生产。

（1）定点。亲本大田用种的生产，应做到每系至少有两个基地同时进行生产。

（2）选地、隔离。选择地势平坦、肥力均匀、排灌条件较好地块用作制种地。要求空间隔离不小于500m。

（3）播种。应做到精细播种，提高繁殖系数。

（4）去杂去劣。在苗期、雄穗散粉前和脱粒前至少进行3次。全部杂株最迟在散粉前拔除，散粉杂株率累计超过0.1%的繁殖田，所产种子报废；收获后要对果穗进行纯度检查，杂穗率超过0.1%的种子报废。

三、实验器具与材料

玉米杂交制种区与亲本繁殖区。

四、实验内容与步骤

1. 在教师指导下，带领学生参加制种田和繁殖田的播种、去杂去劣、去雄、收获脱粒等部分或全部工作，使学生熟悉基本技术环节，掌握关键技术的操作方法，培养独立工作能力。

2. 在实验（习）中，学生自由组队，每队划定面积，并固定下来，责任到人（队）。实行队长负责制，以便教师及时检查指导。

3. 在每个技术环节中，通过教师集中讲解，明确实验要求及操作示范后，学生分组开展具体的操作或取样调查。在操作过程中，教师及时发现问题并予以纠正。

五、实验结果与思考

1. 根据已知玉米生育时期、叶片数等，制定该玉米杂交种品种的制种方案。

2. 比较杂交制种和亲本繁殖有哪些不同？

实验五　种子田间去杂实验

一、实验目的

1. 通过种子田间去杂的操作，明确去杂的意义。

2. 初步掌握种子田间去杂、去劣的方法和操作技能。

二、实验原理

在进行去杂去劣之前，应熟悉去杂品种的典型性状，明确哪些属于去杂的对象。在此基础上，再开始去杂。

1. 水稻　首先了解并熟悉双亲的典型性状，去杂工作分两次进行。第1次在抽穗期，根据株高、叶色深浅、剑叶长短宽窄及角度、抽穗早晚、穗型、芒的有无及长短等特性进行；第2次在成熟期，根据株高、剑叶长短宽窄及角度、成熟早晚、穗形和谷粒形状大小及谷壳颜色，以及芒的有无及长短等特性进行。去杂的同时应注意拔除劣株和稗。

2. 小麦　小麦种子田去杂一般在黄熟初期进行。可根据成熟早晚、株高、成熟茎秆的颜色，穗的形状、长度，小穗密度和麦芒的长短等特性进行。去杂的同时应注意拔除大麦、燕麦及其他杂草。

3. 玉米　在去杂前应熟悉双亲的典型性状，去杂工作可分3次进行。第1次在拔节期，可根据植株的高矮、叶色深浅、叶片的宽窄及姿态进行，同时应注意拔除劣株和弱株；第2次在花期，可根据雄穗的长短多少、主枝和分枝角度、颖基颜色的有无、雌穗花丝的颜色进行；第3次在收获期，可根据果穗形状、籽粒颜色进行。

三、实验器具与材料

主要作物种子田。尚未建立种子田的地方，可在一般大田中进行。

四、实验内容与步骤

1. 在种子田去杂的适宜时期，开展田间去杂工作。

2. 针对具体作物、具体田块，了解该品种的典型性状，以及杂株、劣株的主要类型，准确识别本品种和异品种或其他作物，以及去杂的方法及要求。

3. 每2人一组，每组固定一片种子田（或大田），分期或集中一次进行去杂去劣。

五、实验结果与思考

1. 说明本品种和杂株各自的特点及区分方法。

2. 统计检查的总株数和本品种植株数及杂株数，并计算品种的田间纯度。

实验六　常见农田杂草种类识别及其化学防治

一、实验目的

1. 从植物形态上识别主要农田杂草的特征，为防除农田杂草奠定基础。

2. 掌握识别常见农田杂草的能力和方法。

3. 要求通过观察、调查，能区别主要农田杂草的种类，并初步掌握它的主要特征。

4. 根据杂草识别和鉴定的结果，科学选用除草剂进行有效防控。

二、实验原理

农田杂草是指农田中非栽培的害大于益的植物。在不同的生态环境下，其发生有很大的不同。目前，杂草的防控主要依靠化学除草剂，而化学除草剂的科学选用，则主要依据作物类型以及杂草的草相。因此，明确不同作物地杂草的主要类别尤为重要。本实验通过对水稻、玉米、小麦、油菜等主要作物田的禾本科杂草、阔叶杂草及莎草科杂草，从其茎、叶、花、果实等进行描述，明确其主要特征，并掌握防控主要作物田禾本科杂草、阔叶杂草及莎草科杂草的主要除草剂类型及使用方法。

三、实验器具与材料

1. 实验材料 各类农田杂草。

2. 实验器具 调查表、铅笔、铁铲、土壤刀等。

四、实验内容与步骤

1. 农田常见杂草种类 世界上杂草共有5万余种，其中，农田杂草有5 000余种，我国农田杂草有580余种。目前，杂草分类方法较多，如根据繁殖和发生特点可分为一年生杂草、两年生杂草或越年生杂草、多年生杂草；根据形态特征又可分为阔叶杂草、禾本科杂草、莎草科杂草等。禾本科杂草和莎草科杂草同属单子叶植物，单子叶植物叶片狭长，根为须根。阔叶杂草属双子叶植物，主要特征是叶片圆形、心形或菱形，叶脉通常为网状，茎圆形或方形。

（1）主要禾本科杂草。形态学特征：多为一年生至多年生草本，少为木本（竹类）。根：须根，通常具有根茎。茎：地上茎特称为秆，常于基部分枝，秆通常圆柱形，少数扁平或方形，具有明显而实心的节，节间中空或稀为实心，直立、倾斜或匍匐。叶：单叶互生，成2列；叶由叶鞘、叶片组成，叶鞘于叶片交接的叶环处，常有膜质或纤毛状的叶舌，或缺少，有时两侧具叶耳；叶鞘包秆，常开裂，叶片狭长，纵向平行脉。花：花序由许多小穗组成穗状、总状或圆锥状花序；小穗由1至数朵花和2枚颖片（总苞片）组成；花小，两性，少单性，每一小花基部有2枚稃片（苞片），包裹其内的浆片及雌雄蕊，外稃常具芒，浆片（鳞被，退化花被）2枚或3枚，细小，常肉质；雄蕊3枚，少6枚或1～2枚，花丝细长，花药“丁”字形着生；雌蕊1枚，由2～3个心皮合生，子房上位，1室，1胚珠，花柱2个，少数为3或1个，柱头多呈羽毛状。果实：颖果，少数为浆果或胞果；种子富含胚乳。识别要点：茎秆圆柱形，节明显，节间常中空。叶2列，叶鞘常开裂，常有叶舌或叶耳，小穗组成各式花序，颖果。

①看麦娘（*Alopecurus aequalis* Sobol）。株高15～40cm，秆丛生，基部膝曲，叶鞘短于节间，叶舌薄膜质，圆锥花序，灰绿色，花为橙黄色。发生特点：种子繁殖，越年生或一年生草本。苗期11月至翌年2月，花果期4—6月。分布与危害：适生于潮湿土壤，主要分布我国中部及南部各省份，主要危害稻茬小麦、油菜等作物。

②野燕麦（*Avena fatua* L）。株高30～120cm，单生或丛生，叶鞘长于节间，叶鞘松弛，叶舌膜质透明。发生特点：圆锥花序，长25mm，生2～3朵花。种子繁殖，越年生或一年生草本。在东北和西北麦区，野燕麦于4月上旬出苗，4月中下旬达到出苗高峰，出苗时间可持续20～30d，6月下旬开始抽穗开花，7月中下旬种子成熟脱落。在西南等冬麦区，野燕麦9—11月出苗，4—5月开花结实，6月枯死。分布与危害：分布全国，以西北地区危害最为严重，适生于旱作农田，以危害麦田最为严重。

③硬草［*Sclerochloa dura*（L.）Beauv］。秆直立或基部卧地，高15～40cm，节较肿

胀。叶鞘平滑，有脊，下部闭合，长于节间；叶舌干膜质。圆锥花序较密集而紧缩，小穗粗壮，直立或平展。发生特点：种子繁殖，一年生或二年生草本。秋冬季或春季萌发出苗，花果期4—5月。分布与危害：分布于安徽、江苏、河南等省份，在盐碱性土地发生数量大。

④马唐［*Digitaria sanguinalis*（L.）Scop］。秆丛生，基部展开或倾斜，总状花序3～10个，长5～8cm，上部互生，下部近于轮生。发生特点：种子繁殖，一年生草本，4—6月为苗期，6—11月为花果期，种子边成熟边脱落，繁殖能力很强。分布与危害：秦岭、淮河一线以北地区发生面积最大，为秋熟作物田恶性杂草。发生数量与分布范围在旱地杂草中均具首位。

⑤狗尾草［*Setaria viridis*（L.）Beauv.］。高20～60cm，丛生，直立或倾斜，基部偶有分枝，圆锥花序紧密，呈圆柱状。发生特点：种子繁殖，一年生草本，比较耐寒耐贫瘠。4—5月出苗，5月中下旬形成高峰，7—9月陆续成熟，种子经冬眠后萌发。分布与危害：秋熟旱作农田重要杂草。

⑥牛筋草［*Eleusine indica*（L.）Gaertn］。根密而深，难拔。秆丛生。发生特点：种子繁殖，一年生草本。5月初出苗出现第1次高峰，而后9月出现第2次高峰，7—10月成熟。分布与危害：黄河流域和长江流域及以南地区发生为多，为秋熟旱作物田危害较重的恶性杂草。

⑦千金子［*Leptochloa chinensis*（L.）Nees］。高30～90cm，秆丛生，直立，基部膝曲或倾斜。叶鞘无毛，多短于叶间；叶片扁平，先端尖，圆锥花序，主轴和分枝粗糙；小穗多带紫色。发生特点：种子繁殖，一年生草本。5—6月出苗，8—11月陆续开花、成熟、结果。分布与危害：分布在我国中部及南部各省份，为湿润的秋熟旱作田和水稻田恶性杂草。

⑧稗［*Echinochloa crusgalli*（L.）Beauv］。高50～130cm，叶条形，秆直立，无叶舌。圆锥花序，分枝为穗形总状花序，并生或对生于主轴。发生特点：种子繁殖，一年生草本。属晚春型杂草，正常出苗的杂草大致在7月上旬抽穗、开花，8月果实逐渐成熟。分布与危害：生于水田，在条件好的旱地发生较多，适应性强，为农田危害最严重的恶性杂草。

⑨狗牙根［*Cynodon dactylon*（L.）Pers］。有地下根茎，茎匍匐地面，叶鞘有脊，鞘口有柔毛，叶舌短，有纤维毛。叶片线形互生，穗状花序。发生特点：多年生草本，种子量少、细小发芽率低，以匍匐茎为主。喜光不耐阴，喜湿较耐旱，4月从根茎长出新芽，4—5月迅速扩展蔓延，交织成网状而覆盖地面；6月开始陆续抽穗、开花、结果，10月成熟脱落。分布与危害：分布在黄河流域及以南方各省份，为果园、农田的主要杂草。植株的茎着土即生根复活，难以防除。

⑩茵草［*Beckmannia syzigachne*（Steud.）Fern］。秆丛生，不分枝，高15～90cm，叶鞘无毛，多长于节间，叶片阔条形。圆锥花序，狭窄，分枝稀疏，直立或斜生。发生特点：种子繁殖，一年生或二年生草本。冬前出苗，4—5月开花，5—6月成熟。分布与危害：主要分布在长江流域，为稻茬麦田重要杂草，在局部地区已成为恶性杂草。

（2）莎草科杂草。形态学特征：主要为多年生或一年生草本。根：地下有匍匐的根状茎，在其顶端着生块茎或地下无匍匐的根状茎及块茎，或仅具短缩的根状茎。茎：秆实心，常三棱形，无节。叶：叶片线形，狭长，通常排为 3 列，有时缺，有封闭的叶鞘。花：花小，两性或单性，生于小穗鳞片（常称为颖）的腋内，小穗复排成穗状、总状、圆锥状、头状或聚伞花序等；花被缺或为下位刚毛、丝毛或鳞片；雄蕊 1～3 个；子房上位，1 室，有直立的胚珠 1 颗，花柱单一，细长或基部膨大而宿存，柱头 2～3 个。果实：果多为瘦果或小坚果。识别要点：茎多为三棱形，实心、无节，个别为圆柱形，空心。

①香附子（*Cyperus rotundus*）。又名莎草，具有椭圆形块茎，秆细弱，高 15～95cm，茎三棱形，平滑，叶较多，短于秆，平张，宽 2～5mm，鞘棕色，常裂呈纤维状。发生特点：多年生草本，地下块茎或坚果繁殖，长出一至数条根茎，延伸并长出块茎，根茎及块茎繁殖速度快。6—7 月开花，8—10 月结籽。分布与危害：分布在我国华南、华东、西南等地，危害花生、棉花、大豆、蔬菜、果树等，还是飞虱等害虫的寄主。

②异型莎草（*Cyperus difformis* L.）。又名球穗莎草，须根，秆粗或细弱，高 2～65cm，扁三棱形，平滑。叶短于秆，宽 2～6mm，平张或折合，叶鞘稍长，褐色。发生特点：种子繁殖，一年生草本，种子小而轻，可随风散落，随水漂流，或随种子、动物活动传播。花果 7—10 月，小坚果倒卵状椭圆形，淡黄色。分布与危害：在我国分布很广，主要分布在东北三省、华南、华东、西南等地，发生普遍，常生于稻田中或水边潮湿处，尤其在低洼水稻田中危害严重。

③牛毛毡［*Eleocharis yokoscensis*（Franch. et Sav.）Tang et Wang］。又名牛毛草，具极纤细匍匐地下根状茎，秆多数，细如毫发，密集丛生如牛毛毡，故得此名。高 2～12cm，叶鳞片状，具鞘，鞘微红色，膜质，管状，长 5～15mm。发生特点：根茎和种子繁殖，虽然体小，繁殖力极强，蔓延迅速；花果期 4—11 月，小坚果狭长圆形，微黄玉白色。分布与危害：分布全国，严重影响水稻生长，为恶性杂草。

④萤蔺（*Scirpus juncoides* Roxb）。又名小水葱，丛生，根状茎短，具有许多须根。秆高 12～24cm，圆柱状，平滑；基部具有 1～2 个叶鞘，鞘膜质，长 5cm，淡棕色，不具叶片。发生特点：种子和根茎繁殖，多年生草本，种子借水流传播；小坚果宽倒卵形，平凸状，长约 2mm，黑色，有光泽。分布与危害：分布全国，危害较重，为水田常见杂草。

⑤秆荆三棱（*Scirpus planiculmis* Fr. Schmidt）。又称三棱草，具有匍匐根状茎和块茎，秆高 60～100cm，三棱柱形，平滑，基部膨大。叶基生或秆生，条形，扁平，宽 2～5mm，基部具有长叶鞘。叶状苞 1～3 个，长于花序。发生特点：多年生草本水田杂草，以根状茎或块茎和种子繁殖，寿命 5～6 年；花期 5—9 月，小坚果倒卵形，扁，长 3～3.5mm。分布与危害：几乎遍布全国，是稻田的恶性杂草。

（3）阔叶杂草。形态学特征：包括全部双子叶杂草和部分单子叶杂草。多数阔叶杂草叶片比较宽阔，长宽比例比较小，主要为多年生或一年生草本，为双子叶植物。

①鸭跖草（*Commelina communis*）。茎匍匐生根，多分枝，长可达 1m；叶披针形至卵状分枝形，长 3～9cm、宽 1.5～2cm。发生特点：种子繁殖或根茎繁殖，一年生披散草本，适应性很强，既喜湿又耐旱。种子长 2～3mm，棕黄色，一端平截、腹面平，有不规则窝孔，种子寿命在 5 年左右。花果期 7—9 月，蒴果卵圆形。分布与危害：在我国分布很广，主要分布在东北大豆产区以及云南、四川、甘肃以东的南北地区等，是大豆田的恶性杂草。

②苣荬菜（*Sonchus arvensis* Linn）。多年生杂草，根茎发达，茎直立，高 30～150cm，有细条纹，上部或顶部有伞房状花序分枝，基生叶多数与中下部叶片全呈倒披针形或长椭圆形，羽状或倒向羽状深裂、半裂或浅裂，全长 6～24cm。发生特点：地下根茎繁殖为主，在我国东北 5 月上旬发芽出苗，7 月下旬开花，8—9 月种子成熟，瘦果稍压扁，长椭圆形，每面有 5 条细肋，肋间有横皱纹。分布与危害：分布全国各地，主要危害大豆、玉米、小麦等旱田作物，是大豆田的恶性杂草。

③刺蓟（*Cirsium setosum*）。多年生根茎杂草，有细长的根状茎。根茎发达，茎直立，高 30～80cm，基部直径 3～5mm，上部有分枝，花序分枝无毛或有薄的茸毛。基生叶和中部茎叶椭圆形、长椭圆形或椭圆倒披针形，顶端钝或圆形，基部楔形，通常无叶柄或有极短的叶柄，长 7～15cm、宽 1.5～10cm，上部叶渐小，椭圆形或披针形或线状披针形，茎叶全部不分裂，叶缘有细密的针刺。全部茎叶两面同色，上面叶片绿色无毛，下面叶片因长有稀疏或稠密的茸毛而呈灰色。发生特点：根茎发达，深入土壤2～3m，并在不同深度长出一些横走根茎，上生多数根芽，根芽繁殖，也可进行种子繁殖。花果期 5—9 月，瘦果淡黄色，椭圆形或偏斜椭圆形，着生冠毛整体脱落。分布与危害：分布于各地，危害大豆、小麦、棉花等。

④问荆（*Equisetum arvense* L.）。木贼科，多年生草本。地下根状茎横生，黑褐色；节和根密生黄棕色长毛或光滑无毛。地上枝当年枯萎。茎二型，能育枝，春季先萌发；高 5～35cm，中部直径 3～5mm，节间长 2～6cm，黄棕色，无轮茎分枝，鞘筒栗棕色或淡黄色。地上茎二型（孢子茎 4—5 月，由根状茎伸出，紫褐色或黄褐色，肉质，圆柱形，有 4～8 条纵棱，不分枝，高 10～30cm，叶鞘大而长，鞘齿广披针形，棕褐色。绿色营养茎在孢子茎枯萎后自根茎生出，高 20～60cm，有棱脊 6～15 条），叶退化，鞘齿卵状三角形。发生特点：根茎繁殖为主，孢子也能繁殖，4—5 月生孢子茎，不久孢子成熟散出，孢子枯死，5 月中下旬生营养茎，9 月营养茎死亡。分布与危害：主要分布于长江以北，危害小麦、大豆、玉米、果树等。

⑤香薷［*Elsholtzia ciliata*（Thunb.）Hyland］。唇形科，一年生旱地常见杂草，株高 30～50cm，茎直立，自中部分枝，被倒向疏柔毛。叶对生，卵形或倒披针形，长 3～9cm、宽 1～4cm，先端渐尖，基部楔形，叶缘具有钝齿，上面疏被柔毛，下面密被腺点，叶柄长 0.5～3cm。发生特点：以种子繁殖为主，花期 7—10 月。轮伞花序，组成偏向一侧的顶生穗状花序。花萼钟状，长约 1.5mm，萼齿 5 个，三角形，花冠淡紫色，二唇形。小坚果，长圆形，棕黄色，光滑。分布与危害：全国各地都有分布，以东北地区和青海、内蒙古等地为多，危害大豆、小麦、果树。

⑥小藜（*Chenopodium serotinum* L.）。禾本科，一年生早春杂草，高 20～50cm，茎直立，具有条棱及灰色色条。叶片长圆状卵形，长 2.5～5cm、宽 1～3.5cm，通常 3 个浅裂。发生特点：种子繁殖，花期 4—5 月。胞果包在花被内，果皮与种子贴生。种子双凸镜状，黑色，有光泽。分布与危害：全国各地都有分布，为普通田杂草，有时生于荒地、道旁、垃圾堆处。

⑦佛座（*Lamium amplexicaule* L.）。一年生或两年生草本，茎高 10～30cm，基部多分枝，四棱形，中空，具有浅槽，常为深蓝色。茎下部的叶具有长柄，上部叶无柄，叶

片圆形或肾形，长1～2cm、宽0.7～1.5cm。发生特点：种子繁殖，花期3—5月，果期7—8月。轮伞花序，小坚果倒卵圆形，具三棱，淡灰黄色。表面有大疣状突起。分布与危害：全国各地都有分布，为夏收作物田常见杂草，对麦类、油菜等危害较重。

⑧荠菜（*Capsella bursa-pastoris*）。十字花科，一年生或越年生草本，株高10～50cm，茎直立，有分枝，被单毛、分枝毛或星状毛，基生叶莲座状，大头羽裂，有长柄，茎生叶披针形，长1～2cm，抱茎，边缘有缺刻或锯齿。发生特点：种子繁殖，大多秋天出苗，幼苗越冬，初夏成熟落粒，花果期4—6月，总状花序顶生或腋生，萼片4枚，花瓣4朵，白色；短角果，倒三角形，扁平，先端微凹。种子2行，长椭圆形，淡褐色。分布与危害：主要生活在湿润肥沃的土地，不耐干旱，多分布在黄河、长江流域，危害小麦、蔬菜、果树。

⑨猪殃殃（*Galium aparine* Linn）（变种）。茜草科，一年生或越年生草本。植株矮小，柔弱。发生特点：种子繁殖，秋天发芽较多，少量早春发生。花期3—7月，果期4—9月。花序常单生。分布与危害：全国各地都有发生，是小麦田的主要杂草。

⑩喜旱莲子草［*Alternanthera philoxeroides*（Mart.）Griseb.］。苋科莲子草属，多年生或一年生草本。株高50～100cm，茎基部匍匐，节处生根，上部斜升，中空，具有不明显的四棱。叶对生，椭圆形或倒披针形，长2.5～5cm、宽7～20mm，顶端圆钝，全缘，革质，全缘有睫毛。发生特点：种子或匍匐茎繁殖，主要以茎叶越冬、茎芽无性繁殖为主，花期5—10月，头状花序单生于叶腋处。分布与危害：分布我国南方各省份，适生于沟边、塘边、湿地，危害水稻、蔬菜、棉花、果树等，为危害湿润地域作物的主要难治杂草，是南方稻田常见杂草。

2. 常见农田杂草的化学防控

（1）调查范围和方法。选择有代表性地区的草情进行调查，调查的作物有水稻、小麦、大豆、蔬菜、茶树、果树等。选择杂草发生季节进行，部分冬季杂草在冬季调查，调查田间杂草发生的种类、种群及其危害程度。选择各类型田有代表性田块，目测调查田间杂草发生密度和普遍性，确定田间主要杂草群落。采用五级目测法，评估田间杂草与作物在田间覆盖度、高度和其他量度的相对比例，划分出田间杂草发生危害级别。

（2）初步明确不同地区农田杂草的主要种类。农田杂草发生的种类基本相似，但不同种类杂草的发生在数量上有很大差异。根据主要杂草种类的不同，调查某地区主要杂草的发生情况。

（3）农田杂草及其危害调查。农田杂草主要种类和危害程度调查方法如下。

按地区及作物选择5～10个有代表性的地块，再在每个田块中取10个0.5m^2有代表性的样点，也可将调查者站立的样点向四周扩大到10m^2左右作为调查样点单位，调查其中杂草种类、危害程度及株高等。出现频率是指所调查的10个样点中出现该草的次数。杂草危害程度按目测分级填入表64中，按下列公式分别计算某种杂草的危害率，通过样点小结就可知道所调查地块有多少种杂草，哪几种杂草是主要危害者，全田的危害率也可按公式算出。

$$危害率=\frac{\sum(危害级\times该危害级的地块数)}{总地块数\times最高危害级}\times100\%$$

(4) 常见作物田化学防控。

①水稻田杂草防控。稻田常见杂草种类约100多种，包括稗、鸭舌草、牛毛毡、水莎草、矮慈姑、节节菜、异型莎草、眼子菜、扁秆荆三棱等，以及分布较广的萤蔺、千金子、醴肠、水虱草、水苋菜、陌上菜等。此外，圆叶节节菜、尖瓣花等在南亚热带和热带稻区危害较重；芦苇、扁秆藨草、泽泻等主要在温带稻区形成危害。稻田杂草一般在播、栽、抛后10d（秧田一般5～7d）出现第1出苗高峰，以禾本科为主的稗、千金子和莎草科的异型莎草等一年生杂草为主，发生早、数量大、危害重；播、栽、抛后20d左右出现第2出草高峰，主要为莎草科杂草和阔叶类杂草。

常用药剂有50%杀草丹乳油、50%禾草特乳油、12%噁草酮乳油、10%氰氟草酯乳油、10%苄嘧磺隆可湿性粉剂、20%氯氟吡氧乙酸乳油、2.5%五氟磺草胺油悬浮剂、50%丁草胺乳油、48%麦草畏水剂+20%敌稗乳油。可在移栽后2～5d兑水喷雾，喷雾时要保持2～5cm的水层，以不淹稻心为准。

②玉米田杂草防控。玉米是我国的主要粮食作物之一，种植面积2 000万hm^2左右，分春玉米和夏玉米，主要分布在华北和东北。玉米田主要杂草有马唐、牛筋草、稗、狗尾草、反枝苋、马齿苋、藜、蓼、苎麻、田旋花、苍耳、铁苋菜、苦荬菜、醴肠等。玉米生长较快，封行早，特别是夏玉米，只有那些比玉米出苗早或几乎和玉米同时出苗的杂草才对玉米造成严重危害，出苗较晚的杂草对玉米产量影响不大。

一般播前或播后苗前土壤处理的常用药剂有43%甲草胺乳油、50%乙草胺乳油、50%西玛津可湿性粉剂、40%莠去津悬浮剂，主要防治一年生禾本科杂草及部分阔叶杂草。一般用于苗后茎叶处理的常用药剂有4%烟嘧磺隆乳油、75%噻吩磺隆干悬浮剂、48%灭草松水剂、48%麦草畏水剂等，一般在玉米4～6叶期、杂草2～6叶期使用，过早或者过迟都容易产生药害。

③小麦田杂草防控。麦田杂草群落有以下几类。以看麦娘为优势种，另有主要阔叶杂草如牛繁缕、雀舌草或猪殃殃、大巢菜及茵草等组成的群落，主要发生在淮河流域以南的稻茬麦田；以阔叶杂草猪殃殃、粘毛卷耳、阿拉伯婆婆纳等种类为优势种的杂草群落，主要发生在淮河流域以南地区的旱茬麦田；以播娘蒿、猪殃殃等阔叶杂草为主的杂草群落，发生在淮河流域以北地区的旱茬麦田。以阔叶杂草为优势种的杂草群落类型，其中包括以波斯婆婆纳、粘毛卷耳、猪殃殃等为优势种的群落，分布于沿江及沿海地区的棉旱茬麦田。以播娘蒿等为优势种的群落，分布于北方旱茬麦田。麦田杂草的发生期，正值低温、少雨时期，所以杂草的出苗时间参差不齐。在冬麦区，通常可以大致分为冬前和春季两个出草高峰，不过出苗量也随气候条件而发生变化；在春麦区，常仅有4月间的一个出草高峰，但有可能在3—4月有一个春季杂草的出草高峰，4—5月有一个夏秋季杂草的出草高峰。

常用药剂有25%异丙隆可湿性粉剂、25%绿麦隆可湿性粉剂、50%苯磺隆·异丙隆可湿性粉剂、25%绿麦隆可湿性粉剂+48%氟乐灵乳油、64%野燕枯可湿性粉剂+72%2，4-滴丁酯、64%野燕枯可湿性粉剂+20%二甲四氯水剂、6.9%精噁唑禾草灵乳油+75%苯磺隆干式胶悬剂等。通常在苗后2～5叶期用药或者返青至分蘖期进行茎叶喷雾处理，拔节后禁止使用除草剂。

五、实验结果与思考

1. 分别按根、茎、叶、花、果实描述禾本科、莎草科及主要阔叶杂草至少5种形态学特征。

2. 填写农田主要杂草的调查记录表，不少于20种（表64）。

表64　常见农田杂草调查表

杂草名称	杂草的生物学习性	形态特征	危害程度

3. 从茎、叶、花、花序、果实列表比较旱地和水田杂草的主要区别。

4. 总结说明从哪几方面的特征最易识别当地农田的主要杂草？

5. 总结当地农田杂草的生活型种类，并以水稻田一种杂草为例说明该生活型的特点。

6. 举例说明农田杂草的营养繁殖器官有哪些？

实验七　茎叶喷雾法测定除草剂生物活性及对作物的安全性

一、实验目的

1. 掌握茎叶喷雾法测定除草剂生物活性试验的基本方法和要求，并采用该方法评价除草剂生物活性。

2. 掌握茎叶喷雾法测定除草剂生物活性对作物的安全性。

二、实验原理

除草剂是指可使杂草彻底地或选择性地发生枯死的药剂，又称除莠剂，用以消灭或抑制植物生长的一类物质。按作用方式除草剂可分为灭生性和选择性除草剂；按作物不同生长阶段除草剂不同使用时间可分为土壤处理剂（播后苗前）和茎叶喷雾处理剂。在农业生产过程中，科学评价除草剂对作物的安全性及对杂草的活性是重中之重。本实验采用盆栽法，盆栽主要作物及其主要杂草，然后在作物和杂草生长合适的时期进行除草剂茎叶喷雾，评价目前主要作物田除草剂对如水稻、玉米、小麦、油菜等作物的安全性，以及对主要杂草的生物活性，为科学选用除草剂提供依据。

三、实验器具与材料

1. 实验材料

（1）实验杂草。选择易于培养、生育期一致的代表性敏感杂草，其种子发芽率在

80%以上。常用杂草种类如下。

①禾本科杂草。常见的禾本科杂草有马唐（*Digitaria sanguinalis*）、狗尾草（*Setaria viridis*）、稗［*Echinochloa crusgalli*（L.）Beauv］、雀麦（*Bromus japonicus* Thunb）、牛筋草（*Eleusine indica*）、看麦娘（*Alopecurus aequalis* Sobol）、日本看麦娘（*Alopecurus japonicus* Steud）、野燕麦（*Avena fatua* L.）、棒头草（*Polypogon fugax* Nees ex Steud）、早熟禾（*Poa annua* L.）等。

②阔叶杂草。常见的阔叶杂草有荨麻（*Urtica fissa* E. Pritz）、刺苋（*Amaranthus spinosus* L.）、反枝苋（*Amaranthus retroflexus* L.）、马齿苋（*Portulaca oleracea* L.）、播娘蒿［*Descurainia sophia*（L.）Webb.］、荠菜（*Capsella bursa-pastoris*）、藜（*Chenopodium quinoa* Willd）、鸭跖草（*Commelina communis*）、苍耳（*Xanthium strumarium*）、龙葵（*Solanum nigrum* L.）、繁缕［*Stellaria media*（L.）Cyr］、猪殃殃（*Galium aparine*）、阿拉伯婆婆纳（*Veronica didyma*）、一年蓬（*Erigeron annuus*）、大野豌豆（*Vicia sinogigantea*）等。

③莎草科杂草。常见莎草科杂草有碎米莎草（*Cyperus iria* L.）、香附子（*Cyperus rotundus*）等。

（2）实验作物。根据除草剂类型选择作物对象，如水稻、玉米、小麦、油菜等作物品种及种子，并记录其来源。

2. 仪器设备

（1）实验仪器。光照培养箱或可控日光温室（光照、温度、湿度等）、可控定量喷雾设备、电子天平（感量0.1mg）、各量程移液器。

（2）实验器皿。盆钵、烧杯、移液管等。

四、实验内容与步骤

1. 实验设计

（1）实验土壤。试验采用有机质含量≤3%、pH中性（pH 6.0～8.0）、通透性良好、过筛的风干壤土。

（2）供试药剂。

①试验药剂。试验药剂采用原药（母药）或制剂，并注明通用名、商品名或代号、含量、生产厂家和生产日期。

②对照药剂。试验药剂采用原药（母药）时，对照药剂采用已登记注册且生产上常用的原药，对照药剂的化学结构类型或作用方式应与试验药剂相同或相近。试验药剂采用制剂时，对照药剂采用该产品原药及已登记注册且生产上常用的制剂。

2. 试材准备

（1）作物。将试验土壤定量装至盆钵的4/5处，从顶部浇水使土壤完全湿润。将预处理的供试作物种子均匀撒播于土壤表面，根据种子大小覆土0.5～2.0cm，播种后移入温室或光照培养箱中常规培养。旱田作物以盆钵底部渗灌方式补水，水田作物（水稻）则以盆钵顶部灌溉方式补水至饱和状态。作物出苗后进行间苗定植，根据药剂特性，选择适宜叶龄作物进行喷雾处理。

（2）杂草。将试验土壤定量装至盆钵的4/5处。采用盆钵底部渗灌方式，使土壤完全湿润。将预处理的供试杂草种子均匀撒播于土壤表面，根据种子大小覆土0.5～2.0cm，播种后移入温室常规培养。旱田杂草以盆钵底部渗灌方式补水，水田杂草以盆钵顶部灌溉方式补水至饱和状态。杂草出苗后进行间苗定株，保证杂草的密度一致（总密度在120～150株/m^2）。根据药剂除草发生特点，选择适宜叶龄杂草进行喷雾处理。

3. 药剂配制　水溶性药剂直接用水溶解、稀释。其他药剂选用合适的溶剂（丙酮、二甲基甲酰胺或二甲基亚砜等）溶解，用0.1%吐温80水溶液稀释。根据药剂活性，设5～7个系列剂量。

4. 药剂处理　标定喷雾设备参数（喷雾压力和喷头类型），校正喷液量，按试验设计从低剂量到高剂量顺序进行茎叶喷雾处理。每处理不少于4次重复，并设不含药剂的处理作空白对照。处理后待杂草表面药液自然风干，移入温室常规培养。旱田杂草以盆钵底部渗灌方式补水，水田杂草以盆钵顶部灌溉方式补水至饱和状态。用温湿度数字记录仪，记录试验期间温室内的温湿度动态数据。

五、实验结果与思考

1. 除草剂对杂草的防控效果调查　处理后定期观察记录杂草的生长状态。处理后14d或21d，目测法和绝对值（数测）调查法调查记录除草剂对靶标杂草的活性，存活杂草株数，同时描述受害症状。主要症状有：

——颜色变化（黄化、白化等）；

——形态变化（新叶畸形、扭曲等）；

——生长变化（脱水、枯萎、矮化、簇生等）等。

（1）目测法。根据测试靶标杂草受害症状和严重程度，评价药剂的除草剂对靶标杂草的活性。可采用下列统一分级方法进行调查。

1级：无草。

2级：相当于空白对照区杂草的0%～2.5%。

3级：相当于空白对照区杂草的2.6%～5%。

4级：相当于空白对照区杂草的5.1%～10%。

5级：相当于空白对照区杂草的10.1%～15%。

6级：相当于空白对照区杂草的15.1%～25%。

7级：相当于空白对照区杂草的25.1%～35%。

8级：相当于空白对照区杂草的35.1%～67.5%。

9级：相当于空白对照区杂草的67.6%～100%。

（2）绝对值（数测）调查法。根据调查数据，按式（1）计算各处理的鲜重防效或株防效，单位为百分率（%）。

$$E=\frac{C-T}{C}\times 100\% \tag{1}$$

式中：E 为鲜重防效（或株防效）；C 为对照杂草地上部鲜重（或杂草株数）；T 为处理杂草地上部鲜重（或杂草株数）。

2. 除草剂对作物安全性调查 处理后定期观察记录作物和杂草的生长状态。处理后14d或21d，目测法和生长抑制法检查记录药剂对作物和杂草的影响，同时描述药害症状，主要症状有：

——颜色变化（黄化、白化、变紫等）；

——形态变化（新叶畸形、扭曲等）；

——生长变化（脱水、枯萎、矮化、簇生等）等。

可根据试验要求和药剂特性，调节检查时间或进行产量测定。

（1）目测法。根据测试靶标作物受害症状，0表示安全，50以上表示有严重药害。评价指标见表65。

表65 药害评价指标

药害程度（%）	结果描述
0	安全，无药害
0～10	无明显药害
11～30	轻微药害
31～50	中度药害
51～100	严重药害

按式（2）计算选择性指数。计算结果保留小数点后两位。

$$I=\frac{C}{W} \tag{2}$$

式中：I 为选择性指数；C 为作物的 ED_{10}（抑制作物生长10%左右的有效剂量）；W 为杂草的 ED_{90}（抑制杂草生长90%左右的有效剂量）。

（2）生长抑制法。根据检查数据，按式（3）计算各处理的鲜重、株高、产量的抑制率。计算结果保留小数点后两位。

$$R=\frac{X_0-X_1}{X_0}\times 100\% \tag{3}$$

式中：R 为生长抑制率，单位为%；X_0 为对照鲜重（或株高、或产量），单位为g或cm；X_1 为处理鲜重（或株高、或产量），单位为g或cm。

3. 统计分析 用DPS（数据处理系统）、SAS（统计分析系统）或SPSS（社会科学统计程序）标准统计软件针对药剂剂量对数值与防效的概率值进行回归分析，计算 ED_{50} 和 ED_{90} 及95%置信限。

分析试验结果，评价除草剂对靶标杂草的活性。结合供试除草剂特点，为田间药效试验提出合理化建议。根据统计结果进行分析评价，撰写实验报告，并列出原始数据。

实验八　不同种植密度对油菜产量及主要性状的影响

一、实验目的

1. 了解油菜生产情况。
2. 了解油菜种植密度对产量及主要性状的影响。
3. 掌握油菜部分性状的测量方法。
4. 初步培养学生科研思维和习惯。

二、实验原理

农业生产上，油菜常采用直播或移栽的方式种植，传统种植密度为 75 000～105 000 株/hm^2。该密度下的油菜单株产量较高，一般为 30～60g，产量 2 250～3 750kg/hm^2。由于油菜植株高大、长势好，所以在收获时多采用传统的收割方式，即人工割倒油菜，晾晒 5～7d 后人工收获。传统的种植方式下，油菜劳动力投入大、生产成本高。因此，在平原地区，轻简高效的免耕直播、机械化播种以及机械化收获的现代油菜栽培技术正在逐步推广，种植面积逐年扩大。

在这种栽培模式下的油菜品种应具有株高适中、株型紧凑、抗倒伏、抗病害、花期集中等特点。种植密度较传统种植方式有所提高，在成株后一般 30 万～75 万株/hm^2。与传统种植方式比较，密度的增加使得单株产量显著下降，因此单位面积的菜籽群产量将是油菜总产量的重要影响因素。

三、实验器具与材料

1. 实验材料　甘蓝型油菜品种或杂交新组合。

2. 实验器具　皮尺、电子秤、数粒仪。

四、实验内容与步骤

1. 实验设计　采用单因素随机区组设计，设置 3 次重复。因素为种植密度，5 个水平（A），分别为每公顷 45 000 株（A1）、90 000 株（A2）、195 000 株（A3）、30 000 株（A4）和 3405 000 株（A5），其中 A2 为对照（CK），是油菜传统生产的种植密度。

2. 播种与管理　材料于 9 月下旬直播，采用穴播的方式。行距为 40cm，每行窝距依据种植密度确定，小区面积为 4m×2.5m，每小区施用 0.75kg 复合肥作为底肥（即 750kg/hm^2），11 月追施尿素 0.22kg（即 225kg/hm^2）。其他栽培管理措施应当参照当地大田生产，并在不同处理间统一，适时防治病虫害。

3. 根据实验设计规划田间布置表。

4. 按照实验计划播种及施肥。油菜一般在播种后 5～7d 长出子叶，注意观察每窝出苗情况，防止缺苗。一般在播种后 20～30d 长至五叶期，注意每窝的密度，及时拔除小苗和弱苗，以免影响油菜幼苗的生长。油菜五至六叶期定苗，确定实验种植密度。在油菜生长期进行观察、记录。

5. 测定每小区的油菜产量。

6. 对影响产量的农艺性状进行测定（可选做）。

五、实验结果与思考

1. 完成表66至表68，对实验结果进行总结、分析。

表66　油菜田间布置表

重复	密度水平				
Ⅰ					
Ⅱ					
Ⅲ					

表67　油菜生长期的记载项目及内容

项目	内容
播种时间	
施肥时间及种类	
有无缺苗	
幼苗长势（播种后20d）	
间苗时间	
种植密度调查时间	
防治病虫害（药剂名称、施用时间、防治方式）	
其他	

表68　油菜小区产量及折合公顷产量

密度水平	油菜小区产量（g）				折合产量（kg/hm^2）	较对照产量增减（%）
	Ⅰ	Ⅱ	Ⅲ	平均		
A1						
A2（CK）						
A3						
A4						
A5						

2. 本实验获得的结果对其他油菜品种适用吗？为什么？

3. 在实验过程中，你发现种植密度还会影响油菜的哪些特征或性状？

4. 你认为本实验设计有无不足之处？如果你要进行相关研究，会如何完善实验设计？

5. 本实验获得的结果可以给油菜大田生产提供怎样的指导？

课程五 种子质量检验

实验一　种子净度分析

一、实验目的

1. 识别净种子、其他植物种子和杂质。
2. 掌握种子净度检验程序和方法。

二、实验原理

净度检验结果是否准确，关键在于能否准确掌握各种成分的区分标准。目前，国际上有两种区分标准，即精确法和快速法，通常广泛使用的是快速法，它将样品分为净种子、其他植物种子和杂质，其区分标准参照《农作物种子检验规程》，并计算各成分含量，依此确定种子批的利用价值。

三、实验器具与材料

1. 实验材料　水稻、玉米、小麦、蔬菜或其他常见作物种子。

2. 实验器具　种子净度工作台、天平、不同孔径的套筛、瓷盘、直尺、镊子、标签、称量纸、铅笔、放大镜、小毛刷、电动筛选机等。

四、实验方法与步骤

1. 送验样品的称重和重型混杂物的检查

（1）将送验样品倒在天平上称重，得出送验样品重量 M。

（2）重型混杂物是指在大小或重量方面明显大于被检作物种子的混杂物。如果送检样品中有重型混杂物，应先挑出来并称重，再分为其他植物种子和杂质。将送验样品倒在光滑的瓷盘中，挑出重型混杂物，在天平上称重，得出重型混杂物的重量 m，并将重型混杂物分别称出其他植物种子重量 m_1，杂质重量 m_2。

2. 试验样品的分取

（1）先将除去重型混杂物的送验样品混匀，再用分样器分取试验样品一份，或独立分取半试样两份。

（2）用天平称出试样或半试样的重量（按规定保留小数位数）。

3. 试样的分析与分离 将（半）试样倒在净度分析台或平整光滑的试验台桌面上，根据标准将（半）试样分离成净种子、其他植物种子和杂质三部分。试样的分离也可借助放大镜、不同孔径的套筛、吹风机等器具，在不损伤发芽率的基础上进行使用。借助不同孔径的套筛分离方法为：选用筛孔适当的两层套筛，要求小孔筛的孔径小于所分析的种子，而大孔筛的孔径大于所分析的种子。使用时将小孔筛套在大孔筛的下面，再把筛底盒套在小孔筛的下面，倒入（半）试样加盖，置于电动筛选机上或手工筛动 2min。筛后将各层筛及底盒中的分离物分别倒在净度分析台上进行分析鉴定，区分出净种子、其他植物种子和杂质，并分别放入小碟内。

4. 各分拣种成分的称重 将每份（半）试样的净种子、其他植物种子、杂质分别称重，其称量精确度与试样称重要求相同。其中，其他植物种子还应分种类计数。

5. 结果计算与处理

（1）检查分析过程中重量的增失。不管是 1 份试样还是 2 份半试样，应将分析后的各种成分重量之和与（半）试样原始重量进行比较，核对分析期间重量的增失是否符合要求。若增失量超过原始重量的 5%，则必须重新进行分析，填报重做的结果。

（2）以 3 种成分的重量之和为基数计算试样（半试样）中净种子的百分率（P）、其他植物种子的百分率（OS）及杂质的百分率（I）。若为全试样，各组分的百分率应保留一位小数；若为半试样，各组分的百分率应保留两位小数。

（3）计算全试样或每份半试样中各成分的重量比例。

$$P_1=（净种子重量/各组分重量之和）\times 100\%$$

$$OS_1=（其他植物种子重量/各组分重量之和）\times 100\%$$

$$I_1=（杂质重量/各组分重量之和）\times 100\%$$

若为两份（半）试样，则计算 3 种成分的平均百分率及重复间相应百分率差值，并核对容许差距，见 GB/T 3543.3—1995《农作物种子检验规程净度分析》。

（4）各重型混杂物样品最后换算结果的计算。

净种子：$P_2=P_1\times (M-m)/M\times 100\%$

其他植物种子：$OS_2=OS_1\times (M-m)/M+m_1/M\times 100\%$

杂质：$I_2=I_1\times (M-m)/M+m_2/M\times 100\%$

其中 P_1、OS_1、I_1分别为除去重型混杂物后净种子、其他植物种子和杂质的平均百分率，而 P_2、OS_2、I_2分别为最后的净种子、其他植物种子及杂质的百分率，$m_1/M\times 100\%$为最后混杂物中其他植物种子的百分率，$m_2/M\times 100\%$为重型混杂物中杂质的百分率。

（5）百分率的修约。若原百分率取两位小数，则可经四舍五入保留一位。各成分的百分率相加应为 100.0%，如为 99.9%或 100.1%，则在最大的百分率上加上不足或减去超过之数。如果此修约值大于 0.1%，则应检查计算有无差错。

（6）其他植物种子数目的测定。

①将取出（半）试样后剩余的送验样品，按要求取出相应数量或全部倒在检验桌上或样品盘内，逐数进行检查，找出所有的其他植物种子或指定种的种子并计出每个种的种子数，再加上（半）试样中相应的种子数。

②结果计算。可直接用找出的种子数来表示，也可折算为每单位试样重量（通常为每千克）内所含种子数来表示。

（7）填写净度分析的结果报告单。净度分析的最后结果精确到一位小数，如果某种成分的百分率低于0.05%，则填为微量，如果某种成分结果为0，则需填报“—0.0—”。

五、实验结果与思考

1. 填写种子净度分析的结果报告单（表69）。

表69　种子净度分析结果报告单

作物名称：	学名：		
成分	净种子	其他作物种子	杂质
百分率（%）			
其他作物种子名称			
备注			

2. 在计算试样中3种成分的重量比例时，为什么用各成分重量之和作为基数，而不是采用每份试验样品的原始重量？

实验二　种子发芽率测定

一、实验目的

1. 掌握主要禾谷类和单子叶植物小麦、玉米等作物种子的发芽技术规定、发芽方法、幼苗鉴定标准和结果计算方法。
2. 掌握豆类作物种子的发芽技术规定、发芽方法、幼苗鉴定标准和结果计算方法。

二、实验原理

水分、温度和空气是种子萌发的必需条件，某些作物的种子还需要光照或黑暗条件。不同作物由于长期系统发育的影响，使得其种子形成了各自不同的萌发特性，即不同作物萌发所需条件各有差异。因此，在进行种子发芽试验时，必须根据作物种类、籽粒大小、种子的化学成分以及发芽床的保水供水性能等，选择适宜的发芽床，控制与供试种子相适应的发芽条件，以获得能代表种子质量状况的发芽试验结果。

三、实验材料与器具

1. 实验材料　小麦和玉米等单子叶植物种子、大豆等双子叶植物种子。
2. 实验器具　发芽盒、培养皿、发芽纸、消毒沙、智能人工气候箱等。

四、实验内容与步骤

1. 玉米种子发芽方法　玉米种子发芽技术规定（BP. S，20～30℃，25℃，初次计数

4d，末次计数 7d)，采用沙床，经消毒，调节到适宜的湿度，装入长方形塑料培养皿，厚度 2～3cm，然后播入 50 粒种子，再盖上 1.5～2cm 消毒沙，盖好盖子，放入规定温度和光照下培养。第 4 天计数正常幼苗，第 7 天计数正常幼苗、不正常幼苗和死种子数。

注：玉米属于子叶留土型发芽的单子叶植物。

(1) 正常幼苗（幼苗的全部主要构造均应正常）。

根系初生根完整或带有轻微缺陷，如褪色、有坏死斑点、开裂已愈合。如果初生根有缺陷，而次生根正常，并有足够的数目。

幼芽中胚轴完整，或带有轻微缺陷，如褪色、有坏死斑点、开裂已愈合、稍有弯曲。

芽鞘完整或带有轻微缺陷，如褪色、有坏死斑点、稍有弯曲、顶端开裂少于 1/3 或等于 1/3。

叶片完整，近芽鞘顶端伸出，至少达 1/2 长度，或有轻微缺陷，如褪色、有坏死斑点、轻微损伤。

(2) 不正常幼苗（幼苗一个或数个主要构造有缺陷，或正常发育受影响）。

根系初生根有缺陷或无机能或次生根缺失，如发育不良、停滞、障碍、缺失、破裂、从顶端开裂、收缩、纤细、负向生长、玻璃状、由初生感染引起的糜烂。

幼芽中胚轴有缺陷，如破裂、形成环状、螺旋形、严重卷曲、由初生感染引起的糜烂。

芽鞘有缺陷，如畸形、破裂、顶端损伤、缺失、形成环状或螺旋形、严重卷曲和弯曲、从顶端开裂、通过总长度的 1/3，并与主轴分离、基部开裂、纤细、由初生感染引起的糜烂。

叶片有缺陷，叶片不到芽鞘长度的 1/2，或缺失、弯曲及其他畸形。

幼苗一个或数个主要构造有缺陷，或正常发育受影响，或整株有如下缺陷：畸形、黄化或白化、纤细、玻璃状、两株连生在一起、由初生感染引起的糜烂、先长芽鞘再长根。

2. 小麦种子发芽方法 采用纸卷发芽，先将发芽纸巾（36cm×28cm）预湿、拧干，将两层垫平铺在工作台上，编号，然后播 100 粒种子，再覆盖一层湿纸巾，左边折起 2cm 宽，卷成松的纸巾卷，垂直竖在透明塑料盒中，4 次重复，套上透明塑料袋，放入人工智能气候箱 20℃发芽。如新收获的有休眠种子，需放在 5～10℃条件下预先冷冻处理 5d 后，再放在 20℃条件下发芽（预先冷冻处理时间不计发芽时间）。至第 4 天计数正常幼苗种子数，第 7 天计数正常幼苗、不正常幼苗和死种子数。

注：小麦和大麦均为子叶留土型发芽的单子叶植物。幼苗鉴定标准同属于一组（ISTA 幼苗鉴定手册 A1.2，3.3 组)。

(1) 正常幼苗（幼苗的全部主要构造均应正常）。

根系至少有两条种子根完整或一条强壮的种子根，或仅有轻微缺陷，如褪色、有坏死斑点。

幼芽中胚轴完整，或仅有轻微缺陷，如褪色、有坏死斑点。

芽鞘完整，或仅有轻微缺陷，如褪色、有坏死斑点、稍有弯曲、从顶端开裂少于 1/3 或等于 1/3。

叶片完整，从芽鞘顶端长出，至少达其长度的1/2，或带有轻微缺陷，如褪色、有坏死斑点、稍有损伤。

(2) 不正常幼苗（幼苗一个或数个主要构造不正常，或发育受阻，幼苗有缺陷，如畸形、两株连生在一起、黄化或白化、纤细、玻璃状、由初生感染引起的糜烂等）。

根系种子根有缺陷，或无功能，如发育不良、停滞、仅有一条细弱种子根、破裂、收缩、纤细、负向生长、玻璃状、由初生感染引起的糜烂。

幼芽中胚轴有缺陷，如破裂、由初生感染引起的糜烂。

芽鞘有缺陷，如畸形、由植物中毒引起的缩短、变粗、破损、残缺、形成环状或螺旋形、严重弯曲、卷曲、从顶端开裂大于其总长的1/3、基部开裂、纤细、由初生感染引起的糜烂。

叶片有缺陷、如长度不到芽鞘的1/2、无叶、破裂或其他畸形等。

3. 大豆种子发芽方法

(1) 正常幼苗（幼苗的全部主要构造均应正常）。

根系初生根完整，或仅有轻微缺陷，如褪色、有坏死斑点，破裂不深且已愈合。如初生根有缺陷，但次生根发育良好。

幼芽上胚轴和下胚轴完整，或仅有轻微缺陷，或无功能组织小于50%，有3片子叶。

子叶完整，或仅有轻微缺陷，如无功能面积小于50%，有3片子叶。

初生叶完整，或仅有轻微缺陷，如无功能面积小于50%，有3片子叶。

(2) 不正常幼苗（幼苗一个或数个主要构造不正常，或发育受阻，如畸形、破裂、先长子叶后长根、两株苗连生在一起、黄化或白化、纤细、玻璃状、由初生感染引起的糜烂等）。

根系初生根有缺陷，或无功能，如发育不良、停滞、破裂、顶端开裂、收缩、纤细、负向生长、玻璃状、由初生感染引起的糜烂。

幼芽下胚轴或上胚轴有缺陷，如破裂、由初生感染引起的糜烂。

子叶有缺陷或无功能组织超过50%。

初生叶有缺陷或无功能组织超过50%。

顶芽有缺陷或残缺。

4. 水稻种子发芽方法　本实验用方形透明塑料培养皿，垫两层预先浸湿的发芽纸，每皿播入100粒种子，4次重复，放入规定温度和光照下培养，第5天计数正常发芽种子数，第14天计数正常发芽种子数、不正常发芽种子数和死种子数。

五、实验结果与思考

1. 根据测定结果填写实验报告。
2. 试述玉米种子的发芽技术方法。
3. 试述小麦种子的发芽技术方法。
4. 试述大豆种子的发芽技术方法。
5. 试述水稻种子的发芽技术方法。

实验三　种子水分测定

一、实验目的

1. 掌握测定种子水分常用方法的原理、步骤和注意事项。
2. 掌握低恒温烘干法与高恒温烘干法测定种子水分的方法及操作技术。

二、实验原理

种子水分是影响种子寿命和安全贮藏的重要因素，是分级定价的重要指标。在种子收购、调运和贮藏期间都需要测定种子水分含量，以保证种子的安全贮藏和运输。

三、实验器具与材料

1. 实验材料　小麦、大豆、蔬菜等作物的种子。

2. 实验器具　电热恒温鼓风干燥箱（电烘箱）、天平、样品盒、温度计、干燥器、干燥剂、电动种子粉碎机、广口瓶、坩埚钳、手套、角匙、毛笔等。

四、实验内容与步骤

1. 低恒温烘干法[(103±2)℃烘箱法]

（1）把电烘箱的温度调节到110～115℃进行预热，然后让其保持在（103±2)℃。

（2）把样品盒置于（103±2)℃烘箱中约1h左右，放干燥器内冷却后用感量1/1 000的天平称量，记下盒号和重量。

（3）把粉碎机调节到合适的细度，从送验样品中取出15～25g种子进行磨碎（禾谷类种子磨碎物至少50%通过0.5mm铜丝筛，而留在1.0mm铜丝筛上的不超过10%；豆类种子需要粗磨，至少有50%的磨碎成分通过4.0mm筛孔；棉花种子要进行切片处理；小粒种子不需要磨碎）。

（4）称取试样两份（放于预先烘干的样品盒内称重），每份4.5～5.0g，并加盖。

（5）打开样品盒盖放于盒底，迅速放入电烘箱内（样品盒距温度计水银球2～2.5cm），待5～10min内温度回升至（103±2)℃时，开始计算时间。

（6）（103±2)℃烘干8h后，打开箱门，戴上手套迅速盖上盒盖（最好在箱内盖好），立即置于干燥器内冷却，经30～45min取出称重，并记录。

（7）结果计算。

水分＝（样品烘前重量－样品烘后重量）/样品烘前重量×100%

若一个样品两次测定之间的容许差距不超过0.2%，则用两次测定的算术平均数表示，否则需要重新测定两次。

2. 高恒温烘干法（130～133℃烘箱法）

（1）把烘箱的温度调节到140～145℃。

（2）样品盒的准备、样品的磨碎、称取样品等与（103±2)℃烘箱法相同。

（3）把盛有样品的称量盒盖子置于盒底，迅速放入烘箱内，此时箱内温度很快下降，在5～10min内回升到130℃时，开始计算时间，130～133℃烘干1h，温差不超过±2℃。ISTA规程烘干时间为：玉米种子4h，其他禾谷类作物种子2h，其他作物种子1h。

（4）到达时间后取出，将盒盖好，迅速放入干燥器内，经15～20min冷却，然后称重，记下结果。

（5）结果计算方法同上。

五、实验结果与思考

1. 根据实验结果完成实验报告1份。
2. 试述各种测定种子水分方法的原理和步骤。
3. 试述烘干法测定种子水分时的注意事项。

实验四　品种真实性和品种纯度检验的室内鉴定法

一、实验目的

掌握室内检验常用的品种真实性和品种纯度检验的原理和技术。

二、实验原理

品种纯度是种子质量的首要指标。在种子检验中，品种的真假和品种内个体间一致性是最主要的内容，前者用品种真实性表示，后者用品种纯度表示，两者均是保障种子质量不可分割的遗传品质。通常在进行品种纯度检验之前，应首先进行品种的真实性鉴定。品种纯度检验是良种繁育工作中不可缺少的重要步骤，是保证良种的优良遗传特性充分发挥，促进农业生产持续稳产、高产的有效措施，是防止良种混杂退化，提高种子质量和农产品品质的重要手段。本实验采用种子形态和化学鉴定的方法来鉴别不同品种的特异性、一致性及稳定性，对种子生产和农业生产起着重要的推动和保证作用。

三、实验器具与材料

1. 实验材料　小麦、玉米、水稻、大豆、油菜等作物种子。

2. 实验器具　放大镜、解剖针、镊子、培养皿、刀片、滤纸、恒温箱等。

3. 实验试剂　1%苯酚、氢氧化钠等。

四、实验内容与步骤

1. 种子形态鉴定法　许多品种，特别是不同类型的品种之间，种子形态特征往往表现不相同。因此，可根据种子的形状、大小、颜色、表面的光滑度以及种子外表各个部位的特征加以鉴别，从而准确区分本品种与异品种的种子。

（1）小麦种子根据粒色（白色、红色）、粒形（柱形、椭圆形、卵圆形）、胚部特征（胚的大小、形状、胚尖是否突出等）、腹面特征（圆形、角状）、横切面形状、质地（角质、粉质)、茸毛（多少、长短）等。

(2) 玉米种子根据粒色（白色、黄色、红色、紫色)、粒型（马齿、硬粒、半马齿、半硬粒)、质地（粉质、角质)、胚部特征（胚的大小、形状、胚上皱纹的有无与多少)、粒形（长粒、圆粒、扁粒)、稃色（红色、白色)、花丝（柱）遗迹的特征（是否明显）等。

(3) 水稻种子根据护颖色（黄色、红色、红褐色、紫色)、粒形（长宽比)、芒（有无、长短和颜色)、稃壳特征（稃壳上斑点多少、大小、颜色)、稃色（黄色、紫色、红色)、稃毛（多少、长短)、粒色（白色、红色、紫色)、粒质（垩白大小、透明与否、糯与非糯)、粒味（香与不香)。

(4) 大豆种子根据粒色（黄色、绿色、黑色、褐色等）及其深浅、花纹特征、粒形（圆形、椭圆形等)、种脐特征（形状、颜色、长宽比等)、脐晕特征（脐周围颜色有无、深浅、大小)、脐条特征（脐条有无及颜色、明显与否)、子叶颜色（青色、黄色)、横切面形状（圆形、椭圆形）等。

(5) 芸薹属种子根据粒色（灰白色到黑色多种)、籽粒大小和形状（圆形、卵圆形、三角形等)、胚根突起明显与否、籽粒表面特征（光滑与否，网纹有无、深浅、大小、形状等)、脐条颜色（白色、黑色、褐色）等。

分别从各种作物净种子样品中随机数取 400 粒，每个重复 100 粒种子，区分本品种和异品种种子，统计结果，计算品种纯度。

2. 化学鉴定

(1) 苯酚染色法。

①测定原理。种子皮壳内含有多酚氧化酶，在此酶的作用下，多酚、双酚、单酚被氧化成褐色的醌类物质。不同品种多酚氧化酶的含量和活性不同，则在同一底物浓度、同一温度和同一时间内生成褐色醌类物质的数量不同，因而使种子被染成深浅不同的褐色。此法适用于麦类和水稻种子。

②测定方法。随机从送验样品中数取 400 粒种子，鉴定时需设重复，每个重复不超过 100 粒种子。然后用 1%苯酚溶液处理，染色时间因作物种类而异，观察染色结果，区分本品种和异品种，计算品种纯度。

(2) 碱液处理法。可快速区分红皮小麦和白皮小麦种子。

测定方法。数取小麦种子 400 粒以上，先用 95%（V/V，体积比）甲醇浸泡 15min，然后让种子干燥 30min，在室温下将种子浸泡在 5mol/L NaOH 溶液中 5min，再将种子移至培养皿内，让其在室温下干燥，根据种子浅色和深色计数。白皮小麦种皮呈淡黄色，红皮小麦种皮呈红褐色。

五、实验结果与思考

1. 用各方法统计、计算品种纯度。品种纯度＝［(供检验种子数－异品种种子数）/供检验种子数］×100%

2. 思考在品种的真实性和纯度鉴定中采用形态鉴定法有什么优缺点?

实验五　利用醇溶蛋白电泳法测定小麦种子纯度

一、实验目的

1. 了解种子醇溶蛋白酸性聚丙烯酰胺凝胶电泳鉴定品种的原理。

2. 掌握种子醇溶蛋白酸性聚丙烯酰胺凝胶电泳鉴定品种的电泳方法，并了解该方法的先进性和实用性。

二、实验原理

小麦醇溶蛋白具有正电荷，在电场的作用下，全部向负极移动，通过特异染色可形成电泳条带，即图谱。小麦不同品种所含有的醇溶蛋白不同，电泳图谱也不相同。电泳方法鉴定小麦品种比常规形态学方法省时省力，且不受生长环境的影响，是研究小麦品种资源和进行小麦育种的有效手段。

三、实验器具与材料

1. 实验材料　小麦种子（不能选择霉烂的、蛋白质已分解的或变质的病粒，以免造成误检）。

2. 实验器具　电泳仪、电泳槽、离心机、低温低湿储藏箱、冰箱、酸度计、滤纸、小烧杯、离心管、分析天平、种子粉碎机、染色盘、广口瓶、移液管、吸耳球、微量进样器、注射器等电泳用品。

3. 实验试剂　丙烯酰胺、亚甲基丙烯酰胺、尿素、冰乙酸、甘氨酸、硫酸亚铁、抗坏血酸、过氧化氢、2-巯基乙醇、甲基绿、三氯乙酸、无水乙醇、2-氯乙醇、考马斯亮蓝R250或G250。

4. 溶液的配制方法

（1）小麦提取液（100mL）。称取甲基绿粉剂0.05g，加入25mL 2-氯乙醇，再加入无离子水定容至100mL，低温保存。

（2）电极缓冲原液（500mL）。吸取20mL冰乙酸，加入2g甘氨酸，再加入无离子水定容至500mL，低温保存，使用时再稀释10倍。

（3）凝胶缓冲液（250mL）。吸取冰乙酸5mL，加入0.25g甘氨酸，再加入无离子水定容至250mL，低温保存。

（4）0.6%过氧化氢液（30mL）。吸取30%过氧化氢溶液0.6mL，加入无离子水定容至30mL，装入100mL滴瓶，低温保存。

（5）染色液。10%三氯乙酸液（500mL）：称取50g三氯乙酸，加入无离子水定容至500mL。1%考马斯亮蓝液（50mL）：称取0.5g考马斯亮蓝，溶于50mL无水乙醇。

（6）凝胶溶液（200mL）。称取丙烯酰胺20g、亚甲基丙烯酰胺0.8g、尿素12g、抗坏血酸0.2g、硫酸亚铁0.01g，再加入120mL凝胶缓冲液溶解，并用该液定容至200mL，低温保存。

四、实验内容与步骤

1. 样品醇溶蛋白提取 取若干个清洁干燥的1.5mL聚丙烯离心管，分别插入合适的试管架圆孔内，取小麦种子样品逐粒用电动种子粉碎机粉碎。每粒夹碎的种子粉块放入一个离心管。真实性鉴定时，每个样品重复3～5次。样品纯度测定时，每个样品测定50～100粒种子，然后加入样品提取液，每管小麦加入0.2mL，每管大麦加入0.3mL，盖好后在室温下浸提一夜，加样前用5 500r/min离心15min。

2. 凝胶玻璃封缝 从低温低湿储藏箱内取出凝胶溶液和过氧化氢液、每块胶版吸取这种凝胶溶液3mL，放入小烧杯后立刻加入0.6%过氧化氢液小半滴，摇匀后迅速导入封口处，稍加晃动，使整条缝口充满胶液，让其在5～10min聚合。凝胶溶液必须保存在接近0℃温度，而且存放时间不宜过长。

3. 灌制分离胶和插入样品梳 从低温低湿储藏箱内取出凝胶溶液和过氧化氢液，每块胶版吸取凝胶液17～18mL，放入烧杯后立即加入一滴0.6%过氧化氢液，迅速摇匀，倒入凝胶玻板之间，马上插入样品梳，让其在5～10min聚合。灌制分离胶时，在加过氧化氢溶液、混匀、灌胶、插入样品梳等过程中动作一定要迅速。

4. 加样 在加样前，小心平稳拔出样品梳，用滤纸吸去多余的水分。然后用微量进样器吸取醇溶蛋白提取液，一般每个样品加样10～20μg，若加样量太多，会使蛋白质谱带模糊而难以分辨。加样量一定要掌握好，严防加样过多或过少。

5. 电泳 在电泳前，先将电极缓冲液稀释10倍。一般每个电泳槽取80mL电极缓冲原液，加无离子水稀释到800mL，分别注入前槽和后槽。注意确保前后槽电极能连通。接好电极引线，前槽接正极，后槽接负极，打开电源，逐渐将电压调至500V。电泳时要求在15～20℃下进行，如果气温偏高，可放在冰箱内、空调室或接通自来水冷却。电泳时间一般为60～80min。

6. 固定和染色 在固定和染色之前，按照每块胶板吸取3.5mL 1.0%考马斯亮蓝液，再加100mL 10%三氯乙酸液，配成染色液。小心剥下胶板，切去样品槽部分的胶板，并切去胶板一小角以作左右标记，然后用无离子水漂洗，浸入染色液染色1～2d。

7. 保存 倒去染色液，用清水漂洗，并用湿软毛笔刷去胶板表面的沉淀物，然后用7%乙酸液保存。也可制成干胶版或装在聚乙烯薄膜袋放到4℃冰箱内保存数个月而不变质。

五、实验结果与思考

1. 真实性鉴定。按电泳胶版蛋白质显色的蓝色谱带绘制电泳图谱，与其品种的标准图谱比较，以鉴别品种的真伪。

2. 品种纯度测定。按照品种标准图谱区别出不同的异品种种子粒数，计算出品种纯度百分率。

3. 撰写完成实验报告1份。

4. 醇溶蛋白酸性聚丙烯酰胺凝胶电泳鉴定品种纯度的原理是什么？

5. 醇溶蛋白酸性聚丙烯酰胺凝胶电泳鉴定品种的具体方法步骤是什么？

实验六　玉米种子纯度和真实性的SSR分析

一、实验目的

1. 了解种子纯度和真实性分析的仪器设备以及SSR引物。
2. 掌握DNA琼脂糖凝胶电泳法测定玉米种子纯度和真实性的原理与步骤。

二、实验原理

由于不同玉米品种遗传背景不同，基因组DNA中简单重复序列（SSR）的重复次数存在差异，这种差异可以通过PCR扩增及电泳方法进行检测，从而能够区分不同玉米品种。

三、实验器具与材料

1. 实验材料　玉米杂交品种。

2. 实验器具　电泳仪、电泳槽、离心机、低温低湿储藏箱、冰箱、酸度计、滤纸、小烧杯、2mL离心管、1.5mL离心管、量筒、分析天平、种子粉碎机、100mL容量瓶、1L容量瓶、移液管、吸耳球、微量进样器、注射器等电泳用品。

3. 实验试剂　NaCl、乙二胺四乙酸（EDTA）、三羟甲基氨基甲烷（Tris碱）、浓HCl、十二烷基硫酸钠（SLS）、琼脂糖、核酸染料goldview、2 000DNA maker。

4. 试剂配制

（1）配制1mol/L NaCl溶液（100mL）。称取5.85g固体NaCl于烧杯中，加入80mL双蒸水溶解，转移至100mL容量瓶中加双蒸水定容至100mL混匀。

（2）配制1mol/L Tris-HCL（pH 8.0，100mL）。称取12.1g固体Tris碱于烧杯中，加入80mL双蒸水溶解，加入浓HCl约4.2mL调节pH至8.0，转移至100mL容量瓶中加双蒸水定容至100mL混匀。

（3）配制0.2mol/L EDTA（pH 8.0，100mL）。称取7.4g固体EDTA于烧杯中，加入80mL双蒸水溶解，加入NaOH约0.8g调节pH至8.0，转移至100mL容量瓶中加双蒸水定容至100mL混匀。

（4）配制SLS提取液（1L）。称取10 g SLS固体于烧杯中，分别加入100mL 1mol/L NaCl溶液、100mL 1mol/L Tris-HCl（pH 8.0）溶液、100mL 0.2mol/L EDTA（pH 8.0）溶液进行溶解，再加双蒸水定容至1L，混匀后过夜使用。

（5）配制5.1×TBE（1L）。分别量取10mL 1mol/LTris-HCl（pH 8.0）溶液、2mL 0.2mol/L EDTA（pH 8.0）溶液，加双蒸水定容至1L。

四、实验内容与步骤

1. DNA提取（SLS法）

（1）将磨好的玉米籽粒粉末分别放入2个不同的2mL离心管，标记相应的品种名称，加入SLS提取液800μL，摇晃5min。

（2）分别加入等体积酚。氯仿：异戊醇（24：1），摇晃5min。12 000 r/min，4℃，离心10min。

（3）吸取上清液600μL至1.5mL离心管中，加入等体积预冷的异丙醇（提前－20℃预冷）缓慢混匀，沉淀DNA（约20min）。

（4）12 000r/min，4℃，离心2min。弃上清，用500μL 75%乙醇洗涤2次，无水乙醇洗1次。弃上清，自然晾干，加入50～100μL双蒸水溶解DNA，置于4℃冰箱备用。

2. PCR扩增

（1）反应体系的配制（表70）。

表70 PCR扩增反应体系配制表

反应物	加入量（μL）
PCR master Mix	22
前引物	1
后引物	1
DNA	1
合计	25

（2）反应程序。95℃预变性3min，95℃变性30s，60℃退火30s，72℃变性1min，35个循环，最后72℃延伸10min。PCR结束后，产物置于4℃冰箱。

3. 琼脂糖凝胶电泳

（1）琼脂糖凝胶配制。在分析天平上称取1g琼脂糖，放入广口玻璃瓶，再加入100mL 1×TBE溶液，摇匀，置于微波炉煮沸3～5min待溶液呈无色透明后，稍微冷却，加入5μL核酸染料goldview混匀，再倒入胶槽制胶。

（2）琼脂糖凝胶电泳。将配制好的胶放入电泳槽中（胶孔端靠近电泳槽负极），往电泳槽中加入1×TBE缓冲液至没过胶为止。PCR产物上样量5μL，140V恒压电泳20min。电泳结束后，在Bio-Rad紫外扫描仪扫胶并照相记录。

4. 结果计算

（1）数据统计。标记SSR片段大小，以0、1建立数据库。在相同的带型位置，有带记为1，无带记为0。

（2）品种纯度计算。

$$品种纯度=\frac{供检种子总数-异品种种子数}{供检种子总数}\times 100\%$$

五、实验结果与思考

1. 为什么要进行玉米种子纯度检验？
2. 利用SSR分子标记可以检验玉米种子纯度的优势在何处？

实验七　种子质量综合检验（田间种植检验和室内检验）

一、实验目的

1. 掌握主要作物的种子质量标准。

2. 掌握评价某一作物种子质量的检验方法，包括净度分析、水分测定、发芽中测定以及品种纯度检验。

3. 学会利用检验结果评价种子质量。

二、实验原理

根据国家标准《农作物种子检验规程》(GB/T 3543.1—1995 至 GB/T 3543.7—1995) 相关内容，进行相关作物种子的质量检验。

三、实验器具与材料

1. 实验材料　主要粮食作物或油料作物种子，如水稻、玉米、小麦、大豆、油菜等。

2. 实验器具　用于种子净度分析、水分测定、发芽率测定以及品种纯度检验所需的各种仪器或用具。

四、实验内容与步骤

按 GB/T 3543.1—1995 至 GB/T 3543.7—1995 标准，对某作物品种，在净度、水分、发芽率、纯度分析检验。

1. 净度分析，见课程五实验一。

2. 发芽率测定，见课程五实验二。

3. 水分测定，见课程五实验三。

4. 纯度检验。主要是指田间小区种植鉴定，将种子样品按照要求种植到田间（大田或异地，如海南等），根据幼苗和植株的形态鉴定品种纯度。该方法是目前品种真实性和纯度鉴定最为有效的方法。

5. 两人一组，认真检测各项指标，并记录。

五、实验结果与思考

1. 分析该品种的净度、发芽率、水分、纯度，做出准确的评价。

2. 根据检测结果，准确评价该品种是否达到国家质量标准？若没达到国家质量标准，应该怎么处理？

3. 简述在国家质量标准中，纯度指标不以籽粒形态鉴定为准，而是要以田间小区种植鉴定为准，为什么？

实验八　种子虫害检验方法及主要贮藏期害虫观察

一、实验目的

掌握作物种子虫害检验方法及主要贮藏期害虫形态特征。

二、实验原理

贮藏期害虫种类多、发生隐蔽、适应性强、分布广，是造成粮食损失的重要因素。贮藏期害虫除直接取食造成粮食损失外，还通过其分泌物、蜕皮物及虫尸等造成粮食污染。在我国普遍发生的贮藏期害虫主要有玉米象（*Sitophilus zeamais* Motsch）、麦蛾［*Sitotroga cerealella*（Olivier）］、绿豆象［*Callosobruchus chinensis*（Linnaeus）］、印度谷螟［*Plodia interpunctella*（Hübner）］和锯谷盗［*Oryzaephilus surinamensis*（Linnaeus）］等。种子虫害检验可采用过筛检验、剖粒检验、染色检验。

三、实验器具与材料

1. 实验材料　小麦、玉米、水稻、大豆、油菜等作物种子，玉米象、米象、麦蛾、谷蠹、绿豆象、印度谷螟、锯谷盗等成虫标本。

2. 实验用具　放大镜、解剖针、镊子、培养皿、刀片、套筛、恒温箱、体视显微镜、铜丝网、白瓷盘等。

3. 实验试剂　1%高锰酸钾溶液或酸性品红溶液、1%碘化钾或2%碘酒溶液、饱和食盐水、10%食盐水。

四、实验内容与步骤

（一）种子虫害检验方法

1. 过筛检验　过筛检验是根据健康种子与虫体、虫卵、虫瘿等个体大小的差异，通过筛理分离后再进行鉴定的方法，适用于散布在种子间的害虫。

筛子按孔径大小顺序套好（大孔径在上，小孔径在下），将已称重种子样品按不多于筛层体积2/3置于最上层筛中，加盖后置于电动筛选机或手工筛动2min。筛理后将各层筛及底盒中的分离物分别倒入白瓷盘内铺成薄层，检查筛底及各层上的害虫，计算每千克种子样品中害虫的数量。如样品温度低于10℃，置于20～30℃恒温箱中放置15～20min，待害虫能活动后再进行检查。

2. 剖粒检验　取试样小麦等中粒种子5g或玉米、大豆等大粒种子10g，用刀切开种子被害或可疑部分，检查是否存在害虫。计算每千克样品中害虫数量。

3. 染色检验

（1）高锰酸钾或品红染色法。适于检查隐蔽的玉米象、豆象等。取带有玉米象或豆象的玉米50g，倒入铜丝网中，于30℃水中浸泡1min，再移入1%高锰酸钾溶液（或酸性品红溶液）中染色2～5min。取出用清水洗涤，倒在白色吸水纸上用放大镜检查，粒面带有直径 0.5mm 的红色斑点即为害虫籽粒。计算每千克样品中害虫数量。

（2）碘或碘化钾染色法。适于检查豌豆象。取带有豌豆象的大豆 50g，倒入铜丝网中，浸入 1%碘化钾或 2%碘酒溶液浸染 1～1.5min。取出放入 0.5%氢氧化钠溶液中，浸 30s，取出用清水洗涤 15～20s，立即检验。如豆粒表面有直径 1～2mm 的圆斑点，即为豌豆象危害籽粒。计算每千克样品中害虫数量。

4. 比重检验　取试样 100g，除去杂质，倒入食盐溶液中（豆科作物种子采用饱和食盐溶液，禾本科作物种子采用 10%食盐溶液），搅拌 10～15min，静止 1～2min，将悬浮在溶液表层的种子取出，结合剖粒镜检受害情况。计算每千克样品中害虫数量。

（二）主要贮藏期害虫观察

在体视显微镜下对照下列描述，观察主要贮藏期害虫的成虫形态特征。

1. 玉米象　体长 3～5mm，圆筒形。体色锈褐色至暗褐色。头部向前延伸呈象鼻状。触角膝状，无刻点。触角第 3、4 节长度之比约为 5∶3，端节呈长椭圆形。前胸背板前端缩窄，后端约等于鞘翅之宽，背面刻点圆形。鞘翅长形，后缘细而尖圆。两鞘翅刻点和隆起线不明显，约有 13 条纵刻点行。每鞘翅基部和端部各有 1 个橙黄色椭圆形斑纹。后翅发达，膜质透明。

2. 米象　外部形态与玉米象十分相似。成虫体长 2.3～3.5mm，圆筒状。体色红褐色至暗褐色。触角第 2～7 节约等长。与玉米象相比，米象体瘦小，后翅骨片呈三角形，雄虫阳茎背面无纵沟，雌虫“丫”字形骨片两臂钝圆；玉米象体较大，后翅骨片呈菱角形，个别为长靴形；雄虫阳茎背面有 2 条纵沟，雌虫“丫”字形骨片两臂端部尖锐。

3. 麦蛾　体长 4～6mm，翅展 8～16mm。体色淡黄色或黄褐色，有光泽。复眼黑色，触角长丝状。下唇须发达，向上弯曲并超过头顶。前翅披针形，翅面灰黄色，在翅端部及中横线处有 1 个黑色鳞片形成的小黑点。前、后翅缘毛均较长，后翅后缘缘毛长度约为后翅宽度的 2 倍。

4. 谷蠹　体长 2～3mm。长圆筒状，体色赤褐色至暗褐色，略有光泽。触角 10 节，第 1、2 节等长，触角末端 3 节扁平，膨大呈三角形。前胸背板遮盖头部，前半部有成排的鱼鳞状短齿以同心圆排列，后半部具扁平小颗瘤。小盾片方形。鞘翅稍长，两侧平行且包围腹侧，刻点成行，着生半直立的黄色弯曲短毛。

5. 绿豆象　体长 2～3.5mm。体粗短，近卵形。雄虫触角栉齿状，雌虫锯齿状。体色红褐色至黑色，足大部分红褐色。前胸背板后缘中央有 2 个明显的瘤突，每个瘤突上有 1 个椭圆形白毛斑。鞘翅表皮颜色及毛色在“明色型”和“暗色型”个体中有很大区别。在“明色型”个体中，鞘翅的基部及中部近外缘各有 1 个黑斑，其余皆为褐色；在“暗色型”个体中，鞘翅基部和端半部暗褐色至黑色，两者之间为褐色，常着生黄色毛，端半部暗色区中间和其前端各有 1 条灰白色横毛带。腹部第 3～5 腹板两侧有浓密的白毛斑。

6. 印度谷螟　体长 6～7mm，翅展 9～10mm。体色赤褐色。额前有 1 条锥状鳞片脊，下唇须向前平伸。前翅长，三角形，亚基线与中横线之间为灰黄色，其余为赤褐色并散生有紫黑色斑点。后翅灰白色。前、后翅缘毛均短。

7. 锯谷盗　长 2.5～3.5mm，宽 0.5～0.7mm。体扁平细长，体色暗赤褐色至黑褐色，密被金黑色细毛。头近梯形。复眼小，圆而突出；复眼后的齿突大而钝，其长度为复眼长的1/2～2/3。触角11节，末三节膨大成锤形。前胸背板长略大于宽，上面有3条纵脊，中脊直，两侧的脊明显弯向外方，两侧缘各具锯齿突6个。鞘翅长，盖住腹末，两侧近平行，每鞘翅有相距较远的纵脊4条及刻点10条。

五、实验结果与思考

1. 用不同方法检验并计算每千克样品中害虫数量。
2. 思考不同种子虫害检验方法的适用范围。

实验九　常见种传病害的识别与诊断

一、实验目的

1. 掌握常见作物种传病害的危害症状。
2. 学会区分症状类似的种传病害。

二、实验原理

种子品质是保障作物产量和品质的基础。种子病害通常是指病原物以种子作为载体或媒介传播危害新生植物体，导致新生植物体局部或整体发病，能够直接危害种子健康，病原菌存在于种子内部或表面或混杂在种子中传播病害。种子病害不仅会降低种子萌发率、幼苗成活率，而且在植株生长期也可造成危害。寄藏于种子中的病原菌随种子的运输传播到其他地区，导致病害传播。

三、实验器具与材料

小麦、玉米、水稻、大豆种传病害的新鲜病样、浸泡标本、玻盒和塑封标本、挂图。

四、实验内容与步骤

1. 水稻常见种传病害　水稻生产中常见的种传真菌病害有水稻稻瘟病、稻曲病、稻粒黑粉病、纹枯病和细菌性叶斑病等。

（1）水稻稻瘟病。在水稻各生育时期均可侵害，危害穗部可造成谷粒瘟，表现为颖壳变成灰白色或产生褐色椭圆形或不规则形病斑，可造成种子带病。当湿度大时，节、穗颈、枝梗和谷粒的病部均可产生灰色霉层。

（2）水稻稻曲病。水稻生长后期在穗部发生的一种病害，该病原菌危害穗上部谷粒，轻则一个穗中出现1～5病粒，重则多达数十粒，病穗率可高达10%以上。病粒比正常谷粒大3～4倍，整个病粒被菌丝块包围，颜色初呈橙黄色，后转墨绿色；表面初期平滑，随后粗糙龟裂，其上布满黑色粉状物（病原菌厚垣孢子）。

（3）稻粒黑粉病。水稻受害后穗部病粒少则数粒，多则十几粒至数十粒，病谷粒全部或部分被破坏，变成青黑色粉末状物。谷粒症状分为三种类型。

①谷粒不变色，在外颖背线近护颖处开裂，长出赤红色或白色舌状物（病粒的胚及胚乳部分），常黏附散出的黑色粉末。

②谷粒不变色，在内外颖间开裂，露出圆锥形黑色角状物，破裂后散出黑色粉末，黏附在颖部分。

③谷粒变暗绿色，内外颖间不开裂，籽粒不充实，与青粒相似，有的变为焦黄色，手捏有松软感，用水浸泡病粒，谷粒常变黑。

2. 小麦常见种传病害　常见的小麦种传真菌病害有小麦赤霉病、茎基腐病、纹枯病、腥黑穗病和散黑穗病等。

（1）小麦赤霉病。可在小麦各个生育阶段发生危害，主要发生在穗期，造成穗腐，也可于苗期引起苗枯、基腐等。最初在颖壳上呈现边缘不清的水渍状褐色斑，渐蔓延至整个小穗，在高湿条件下，产生粉红色霉层，后期病部上会产生蓝黑色有光泽的颗粒或颗粒堆，多时集结呈块状，用手触摸有突起感觉，不能抹去。若病原菌已入侵穗轴，使维管束系统输导受阻，则使病部以上穗呈青枯色，而病部以下穗呈青绿色，造成粒枯干瘪。

（2）小麦腥黑穗病。病害症状主要在穗部，一般病株较矮，分蘖较多，病穗稍短且直，颜色较深，初为灰绿色，后为灰黄色。后期颖壳麦芒外张，露出部分病粒（菌瘿）。病粒较健粒短粗，初为暗绿色，后变灰黑色，包外一层灰包膜，内部充满黑色粉末（病原菌厚垣孢子），破裂后散出含有三甲胺鱼腥味的气体，故称腥黑穗病。

（3）小麦散黑穗病。主要发生在穗部，病穗比健穗较早抽出。最初病小穗外面包被一层灰色薄膜，成熟后破裂，散出黑粉（病原菌厚垣孢子），黑粉吹散后，只残留裸露的穗轴。病穗上的小穗部分或全部被毁，仅上部残留健穗。

3. 玉米常见种传病害　常见的玉米种传真菌病害有玉米纹枯病、瘤黑粉病、丝黑穗病和穗腐病等。

（1）玉米纹枯病。主要危害叶鞘，也可危害茎秆，严重时引起果穗受害。发病初期多在基部1～2茎节叶鞘上产生暗绿色水渍状病斑，后扩展融合成不规则形或云纹状大病斑。病斑中部灰褐色，边缘深褐色，由下向上蔓延扩展。穗苞叶染病也产生同样的云纹状斑。果穗染病后秃顶，籽粒细扁或变褐腐烂。严重时根茎基部组织变为灰白色，次生根黄褐色或腐烂。多雨、高湿持续时间长时，病部长出稠密的白色菌丝体，菌丝进一步聚集成多个菌丝团，形成小菌核。

（2）玉米瘤黑粉病。各个生长期均可发生，尤其以抽穗期表现明显，受害部生出大小不一的瘤状物，初期病瘤外包一层白色薄膜，后变灰色，瘤内含水丰富，干裂后散发出黑色粉状物，即病原菌孢子，叶片上易产生豆粒大小的瘤状物。雄穗上产生囊状物——瘿瘤，其他部位则形成大型瘤状物。

（3）玉米丝黑穗病。危害玉米的雄穗（天花）和雌穗（果穗），一旦发病，通常全株没有产量。危害轻的雄穗呈淡褐色，分枝少，无花粉，重则部分或全部被破坏，外面包有白膜，形状粗大，白膜破裂后，露出结团的黑粉，不易飞散。小花全部变成黑粉，少数尚残存颖壳，有的颖壳增生成小叶状，长4～5cm。病果穗较短，基部膨大，端部尖而向外弯曲，多不抽花丝，苞叶早枯黄向一侧开裂，内部除穗轴外，全部变成黑粉，初期外有灰白膜，后期白膜破裂，露出结块的黑粉，干燥时黑粉散落，仅留丝状残存物。受害较轻的雌穗，可保持灌浆前的粒形，但籽粒压破后仍为黑粉，也有少数仅中、上部被破坏，基部籽粒呈长3～5cm的芽状物或畸形成丛生的小叶物，内含少量黑粉。

（4）玉米穗腐病。主要危害玉米雌穗（果穗），病原菌复杂，发病穗轴和籽粒上常见灰白色、粉红色、红棕色、绿色、淡灰色或黑色霉层。

4. 大豆常见种传病害 大豆常见种传真菌病害有大豆种腐病、北方茎溃疡病、立枯病、黑痘病、赤霉病、根腐病、白绢病、锈病、霜霉病、灰斑病、紫斑病、菌核病、炭疽病、黑点病和褐斑病等。

（1）大豆种腐病。大豆生产中一种毁灭性的种传病害，可导致大豆苗期根腐、苗枯和种子腐烂，严重影响大豆产量和品质。受害大豆种子的发芽率、出苗率和种子活力均降低，受害种子变枯白、变形、皱缩，甚至腐烂，外观不正常。

（2）大豆北方茎溃疡病。一种危害性极高的检疫性有害生物，种子可以携带病原菌，能够引起大豆死亡或减产。主要危害茎，茎部出现伤口易染病，病斑初呈椭圆形或梭形，边缘褐色，中间浅褐色至灰白色，凹陷，呈溃疡状，随后病情沿茎向上、向下扩展到整株，严重的病部变为深褐色干腐状，发病后期，病斑上密生小黑点。

（3）大豆灰斑病。主要危害叶片，也可侵染茎、荚和种子。带菌种子长出幼苗后，子叶多呈现半圆形深褐色凹陷斑。成株叶片染病初现褪绿小圆斑，后逐渐形成中间灰色至灰褐色、四周褐色的蛙眼斑，多呈椭圆形或不规则形，当湿度大时，病斑中间密生灰色霉层，病斑布满整个叶片，最后干枯。茎部染病产生椭圆形病斑，中央褐色，边缘红褐色，密布微细黑点。荚上病斑圆形或椭圆形，中央灰色，边缘红褐色。豆粒上病斑圆形或不规则形，边缘暗褐色，中央灰白色，病斑上霉层不明显。

（4）大豆紫斑病。主要危害豆荚和豆粒，也可危害叶片和茎秆。豆荚染病后，病斑圆形或不规则形、病斑较大，灰黑色，边缘不明显，干后变黑，病荚内部层生不规则形紫色斑，内浅外深。豆粒染病后病斑形状不规则，大小不一，仅限于种皮，不深入内部，多呈紫色，有的呈青黑色，在脐部四周形成浅紫色斑块，严重时整个豆粒变为紫色，有的龟裂。

（5）大豆炭疽病。一种严重影响大豆种子萌发、种子质量的种传病害。该病可危害茎及荚，也危害叶片或叶柄。苗期侵染严重的话可导致幼苗死亡，缺苗断垄。在成株期，主要危害茎及荚，也危害叶片或叶柄。茎部染病初生褐色病斑，其上密布呈不规则排列的黑色小点。荚染病小黑点呈轮纹状排列，病荚不能正常发育。苗期子叶染病呈现黑褐色病斑，边缘略浅，病斑扩展后常出现开裂或凹陷；病斑可从子叶扩展到幼茎，致病部以上枯死。叶片染病边缘深褐色，内部浅褐色。叶柄染病后，病斑褐色，不规则。病原菌侵染豆荚可导致种子侵染。

五、实验结果与思考

1. 随机挑选10种种传病害标本，描述并记录病害危害症状（表71）。

表 71　常见种传病害及其症状描述

编号	病害名称	寄主	主要危害症状

2. 在当前农产品贸易往来频繁的情况下，思考种子传播对病害发生会产生什么影响？如何控制种传病害的发生？

实验十　种传真菌病害的带菌率测定

一、实验目的

1. 了解常见的种子带菌检测方法，如 PDA 平板培养法、冷冻滤纸法等。
2. 学会 PDA 平板培养法和冷冻滤纸法检测种子带菌的操作步骤。
3. 掌握 PDA 平板培养法检测种子带菌率的方法。

二、实验原理

种子带菌是许多作物病害的重要传播方式。随着农业生产的发展，种子远距离调运更加频繁，导致种传病害的传播风险加大。种子的带菌率检测可用于评价种子的健康水平和种传病害的发生风险。掌握重要种传病害侵染和传播的基本理论、种子病害检验与防治的实际操作，是从事种子学、植保植检等科研、教学及进出口植物检疫工作的基本要求。加强种子检疫，杜绝带病种子流入大豆种植区，可有效防控种传病害发生。种传病菌可存在于种子的表面或内部，存在的部位不同，对其检测方法也不同。目前，种子携带真菌常规检测方法主要有肉眼观察法、PDA 平板培养法、吸水纸法、洗涤检测法、冷冻滤纸培养法等。

三、实验器具与材料

1. 实验材料　不同玉米品种、大豆品种、小麦品种的种子。

2. PDA 培养基　马铃薯、蔗糖、蛋白胨等。

3. 实验试剂　2%次氯酸钠、无菌水、9cm 培养皿、无菌滤纸等。

四、实验内容与步骤

1. 种子消毒 随机取待测种子200粒，先用2%次氯酸钠对种子表面消毒10min，再用无菌水冲洗3次，然后置于灭菌滤纸上，在超净工作台内吹干表面游离水，备用。

2. PDA平板培养法 将上述消毒后的种子放入预先准备好的含有20mL PDA培养基的平板上，每皿10粒种子，每个处理3皿，置于（25±2）℃下黑暗培养7d，观察种子表面菌丝产生情况。

3. 冷冻滤纸培养法 将消毒种子置于铺有3层无菌水浸透滤纸的培养皿中，每皿10粒种子，在20℃培养24h后转入−20℃下冷冻培养24h，再转入26℃、12h近紫外光照/12h黑暗条件下培养，7d后观察种子表明产生菌丝情况。

4. 种子带菌率统计 将种子表面产生菌丝的种子视为带菌种子，并依据如下公式计算种子带菌率。

$$种子带菌率=\frac{带菌种子数}{调查种子总数}\times 100\%$$

五、实验结果与思考

1. 选用某一作物，采用适当的方法调查并统计不同品种的种子带菌情况（表72）。

表72 不同作物种子带菌率调查表

材料	品种	带菌种子数（个）	种子带菌率（%）
大豆	品种1		
	品种2		
	品种3		
	……		
玉米	品种1		
	品种2		
	品种3		
	……		
小麦	品种1		
	品种2		
	品种3		
	……		

2. 比较PDA平板培养法和冷冻滤纸培养法对种子带菌情况统计结果的差异，并讨论两种方法的利弊。

3. 思考种子带菌情况检测中的注意事项。

实验十一　种传真菌病害的病原形态观察

一、实验目的

1. 掌握常见种传真菌主要类群的形态特征。
2. 掌握挑取法制作玻片。

二、实验原理

种传病害的病原物包括真菌、细菌、病毒、线虫等。真菌是种传病原物的最大类群，危害普遍、种类多。因此，种传真菌的诊断是种子健康检测的重要内容。不同病原真菌的形态特征存在差异，掌握常见种传真菌的形态特征及培养性质，依据形态特征诊断重要作物种传真菌病害，对正确诊断种传病害十分重要。

三、实验器具与材料

1. 实验材料　种传病原菌纯培养物、病原真菌永久玻片、挂图。

2. 实验器具　一次性刀片、镊子、载玻片、盖玻片、纱布、棉兰染液、无菌水、电子显微镜等。

四、实验内容与步骤

常见的种传真菌包括尾孢属（*Cercospora*）、镰孢属（*Fusarium*）、链格孢属（*Alternaria*）、炭疽属（*Colletotrichum*）、曲霉属（*Aspergillus*）、拟茎点霉属（*Phomopsis*）、丝核菌属（*Rhizoctonia*）等。

1. 尾孢属（*Cercospora*）　可引起大豆灰斑病、玉米灰斑病等。菌丝体表生，子座有或无，褐色，球形。分生孢子梗簇生于子座上或从气孔抽出，不分枝或罕见分枝，直立或弯曲，暗褐色。分生孢子单生，倒棒形、鞭状至圆筒形，顶端稍尖，有分隔，无色或单色，表面光滑，基部脐点黑色。

2. 镰孢属（*Fusarium*）　可引起大豆根腐病、茎腐、种荚腐烂，玉米茎腐病和穗腐病，小麦赤霉病和茎基腐病。分生孢子梗聚集成垫状分生孢子座，分生孢子梗形状大小不一。大型分生孢子多胞，无色，镰刀形。小型分生孢子单胞，无色，椭圆形。如尖孢镰孢菌（*Fusarum oxysporum*）：小型分生孢子数量多，卵圆形或肾形，着生于产孢细胞上；大型分生孢子镰刀形，稍弯曲，向两端较为均匀地逐渐变尖，基胞足跟明显，1～7 个隔膜，多数 3 个隔膜。厚垣孢子易产生，球形，单生、对生或串生，是大豆根腐病的强致病菌。

3. 链格孢属（*Alternaria*）　可引起大豆黑斑病。菌丝细长，淡褐色至褐色，有分枝，具隔膜。分生孢子梗单生或丛生，由菌丝顶端产生或侧生，比菌丝粗，不分枝或有时分枝，直立或弯曲。分生孢子梗屈膝状，孢痕明显。分生孢子倒棒形、椭圆形或倒梨形，孢子基部钝圆，褐色，具横、斜隔膜，光滑或具有疣、刺，分隔处缢缩或无缢缩，顶端无喙或有喙。

4. 炭疽属（*Colletotrichum*） 可引起大豆荚枯病。其分生孢子盘生于寄主表皮下，散生或合生，顶端不规则开裂，有时生有褐色且具有隔膜的刚毛。

5. 曲霉属（*Aspergillus*） 是引起玉米穗腐病的重要真菌。分生孢子梗直立，由菌丝上的厚壁足细胞生出，多数无隔膜，无色，顶端形成膨大的顶囊。从顶囊的表面形成单层或双层的产孢结构，即瓶梗。瓶梗产生串珠状的分生孢子链，形成球形、辐射形或柱形等不同形状的分生孢子头。分生孢子卵形、球形、椭圆形，单胞，无色或有色，表面光滑或具纹饰。

6. 拟茎点霉属（*Phomopsis*） 可引起大豆种腐病、茎枯病、根腐病等种传病害。

7. 丝核菌属（*Rhizoctonia*） 常引起水稻、小麦、玉米等作物纹枯病，可引起大豆根腐病和苗枯病等病害。如立枯丝核菌（*R. solani*），病原菌在病组织内外形成薄膜状、易剥离的菌丝层，菌丝较粗，灰白色至淡褐色，多分枝，分枝处呈直角或锐角，且基部稍缢缩，分枝附近有1个隔膜，每个细胞2～3个核。寄主生长后期于病部缠绕成密聚的菌核，菌核初为白色，后渐变浅黄色至褐色，球形、扁圆形或不规则形，表面粗糙。

五、实验结果与思考

1. 绘制立枯丝核菌的菌丝及菌核横切面图。
2. 绘制玉米灰斑病病原菌的分生孢子和分生孢子梗图。
3. 试述病原形态特征观察在种传病害诊断中的作用，思考依据形态特征诊断种传病害的不足。

实验十二　种传病害的分子检测

一、实验目的

1. 了解常见种传病害的分子检测方法。
2. 掌握稀释平板法检测种传细菌的实验流程。

二、实验原理

种传病害检测技术包括常规检测和分子检测技术。常规检测技术包括田间症状观察、分离培养法（PDA分离培养、冷冻滤纸培养等）、致病性测定、血清学测定等。分子检测技术包括常规PCR、荧光定量PCR、多重PCR、DNA探针技术等。分子检测技术相对于常规检测技术，具有速度快、灵敏度高、准确性高、可操作性强、自动化程度高及信息资源获取方便等优势，在种传病害的检测中发挥了越来越重要的作用。依据病害类型，选择合适的分子检测技术对于种传病害及病原的快速准确诊断十分重要。

三、实验器具与材料

1. 实验材料 大豆、玉米、水稻或小麦等作物的病籽粒。

2. 实验器具 植物DNA或RNA提取试剂盒、PCR反应试剂盒、PCR仪、移液枪、移液枪枪头、PCR 反应管、电泳仪、凝胶成像仪、序列分析软件等。

四、实验内容与步骤

1. 常见种传病害的分子检测技术

（1）常规 PCR 扩增技术。1985 年由 Mullis 等创建，可依据模板 DNA 在一个微量反应体系中短时间内扩增出数百万个特意 DNA 序列的拷贝，目前在种传病害检测中已经得到广泛应用。

（2）荧光定量 PCR（Real-time PCR）扩增技术。1996 年由美国 Applied Biosystems 公司推出的一种新定量试验技术，它是通过荧光染料或荧光标记的特异性探针，对 PCR 产物进行标记跟踪，实时在线监控反应过程，结合相应的软件可对产物进行分析，计算待测样品模板的初始浓度。该技术具有灵敏度高、通用性好、不需要设计探针、方法简便、省时、价格低廉等优点，已被应用于大麦种子、西瓜种子、小麦种子病原菌的检测。

（3）多重 PCR 扩增技术。最早于 1988 年由 Chamberlain 提出，可在同一个反应体系对多个 DNA 模板或同一模板的不同区域扩增多个目的片段，具有高特异性、高效率、低成本的特点，适合大量样本检测。对于有多种病原物引起的种传病害来说，可实现一次 PCR 扩增，检测多种病原物的目的。

（4）DNA 探针技术。又称分子杂交技术，是利用 DNA 分子的变性、复性以及碱基互补配对的高度精确性，对某一特异性 DNA 序列进行探查的新技术。因其具有敏感度高，对病原真菌的菌株有特异性的特点被用于多种种传病原物的检测。

2. 基于核酸序列的 PCR 扩增法检测种传病害的一般流程

（1）病样核酸（DNA 或 RNA）的提取。发病材料准备是基于 PCR 技术检测病原物的第 1 步。常用的 PCR 扩增模板为病原物 DNA 或 RNA，所需要的 DNA 或 RNA 量极少，可从很少量的组织中制备 DNA 或 RNA（0.1～10ng）就足以进行 PCR 分析。一般要求 DNA 或 RNA 质量较高，尽量不含杂质，避免 PCR 扩增产物中其他杂菌的污染。

就真菌病害而言，病原材料尽量采用分离纯化后的纯培养物，如菌丝体、孢子和悬浮培养物。病原生物总 DNA 常用 CTAB 法或选用 FastDNA 试剂盒提取，病原材料在液氮中研磨成粉末，按照提取流程加入缓冲液等。若核酸类型为 RNA（病毒），则按 RNA 提取方法进行，采用酚抽提和氯化锂沉淀分离，或采用试剂盒，注意要对 RNA 样品用无 RNase 污染的 DNase I 处理去除染色体 DNA，然后反转录成 cDNA，最后以 cDNA 为模板进行 PCR 扩增（主要用于病毒的检测）。

（2）确定相关分子标记基因及引物选择。基于 PCR 技术对病原菌的特定基因序列进行扩增，以获得属间或种间变异信息，达到对不同分类阶元（门、科、属、种）的病原菌进行检测或鉴定的目的。如病原真菌的 rDNA 的 5.8S 区域，以扩增不同病原生物的相对保守区域如 18SrDNA、16SrDNA 等区段，以鉴定属间及以上分类单元的病原生物。对于特定的病原物还可选择一些公认的标记基因，如用于大多数真菌属鉴定的 *ITS rDNA*，用于镰孢菌属及属下种鉴定的 *EF1-α*、*RPB1* 和 *RPB2* 基因，用于炭疽菌鉴定的 *β-tubulin*

基因。

（3）引物设计。选择高效特异性强的引物是 PCR 扩增成功的一个关键因素。PCR 扩增的专化性取决于选择的引物与探针的特异性。引物的特异性依赖于基因序列、长度、GC 含量、PCR 退火温度（T_m）。在引物及探针设计过程中，需要注意以下几点。

①引物的长度多定为 20～30 个碱基（base pair）。

②尽可能选择碱基随机分布的序列，避免具有多聚嘌呤（A 和 G）或嘧啶（T 和 C）。G+C 含量应尽量相似，以 40%～60%为好。

③引物内部应尽量避免具有明显的二级结构，尤其是发卡结构（harpin structure），引物二聚体，以免影响引物与模板间的退火。

④引物 3′端的碱基与靶 DNA 片段的配对必须精确，以保证 PCR 的有效扩增。

⑤DNA 扩增片段的长度要求足够短，以确保反应效率及高灵敏性。实时定量 PCR（Real-time PCR）要求扩增序列比一般的 PCR 更短，一般要控制在 100～500bp。

⑥在 PCR 扩增中，需要对扩增体系中的引物浓度进行优化，特别在 Multiplex PCR 和非特异荧光染料 Real-time PCR 中引物浓度对 PCR 扩增成功十分重要。

（4）PCR 扩增及检测。PCR 于 1985 年由美国科学家 Mullis 发明，是指在 DNA 聚合酶催化下，以母链 DNA 为模板，以特定引物为延伸起点，通过变性、退火、延伸等步骤，体外复制出与母链模板 DNA 互补的子链 DNA 的过程。最大特点是能快速特异地将微量 DNA 大幅增加。一般 PCR 反应体系包括模板 DNA、TaqDNA 聚合酶、引物、dNTPs、缓冲液及其他成分，对于特殊 PCR 反应系统还需要另外添加 Mg^{2+}，以提高聚合酶的活性。目前，市场所售卖的各类 PCR 反应试剂盒较多，将 dNTPs、缓冲液及其他成分混合为 master mix，加样时仅需补充 TaqDNA 聚合酶和模板 DNA 即可。

（5）电泳检测。PCR 扩增产物可采用 1%～2%琼脂糖凝胶电泳进行检测，依据电泳条带的有无和大小，确定是否扩增成功或有无污染。

（6）送样及测序。为了确定病原生物的分类地位，需对 PCR 扩增产物进行基因序列分析。一般可将 PCR 扩增产物（一般 20～30μL）直接送去测序；若扩增产物是多种片段的混合物，可通过克隆进行分离，分别对每个克隆进行测序，或通过电泳分离获得所需长度的条带，然后胶回收后直接测序。

（7）序列同源性分析及系统进化树构建。测序结果需要进行序列比对与分析，以确定病原物的分离地位。常见的序列分析软件有 Geneious8.0.3、MACAW 2.05、ClustalW2.1、FASTA36.3.6f、Blastn 等，可根据需要进行两个序列或多序列比对。采用 Blastn（http：//www.ncbi.nlm.nih.gov/BLAST）与 GenBank 上已知序列进行比对，并下载相似度较高的序列。用 DNAMAN（http：//www.lynnon.com/pc/framepc.html）计算同源性。用 MEGA5.0 软件构建系统发育树，根据与其他已知病原菌种的序列相似性系数，最后确定病原生物的分类地位。

（8）种传病害病原分类地位确定。依据上述序列比对及聚类分析结果，明确种传病害的病原物分类地位。

五、实验结果与思考

1. 选择一种常见种传病害，依据病原物类型，选择适当的检测技术，设计病害分子诊断的实验步骤并列出注意事项。

2. 选择一种作物籽粒，设计分子检测方法并实施，确定种传病原物的分类地位。

3. 思考常规种传病害的分子检测技术，并分析不同检测技术在病害诊断中的选择原则及优劣。

课程六

种子加工

实验一　种子的散落性

一、实验目的

1. 通过对种子静止角和自流角的测定，加深对种子散落性的理解，并正确掌握测定方法。

2. 根据相关数据，计算种子对仓壁的侧压力。

二、实验原理

对种子群体来说，它具有一定程度的流动性。当种子从高处落下或向低处移动时，就会形成种子流。种子所具有的这种特性就称为散落性。

种子的散落性可以用静止角和自流角两个指标衡量。静止角是指种子从一定高度自然落到一个平面上形成的圆锥体斜面与底部直径所呈的角度。一般情况下，散落性好的种子静止角比较小，而散落性差的种子静止角比较大。自流角是指种子摊放在其他物体平面上，将平面一端缓慢提起直至种子开始滚动时的角度到绝大多数种子滚落时的角度。种子自流角的大小在很大程度上随斜面的性质而异，同时会受到种子水分、净度和完整度的影响。

三、实验器具与材料

1. 实验材料　不同作物（如玉米、小麦、水稻、大豆、油菜等）的种子。

2. 实验器具　长方形玻璃缸、玻璃缸盖、量角器、玻璃板、天平等。

四、实验内容与步骤

1. 静止角的测定

(1) 取适量净种子倒入长方形玻璃缸中，以达到玻璃缸高度的 1/3 为宜。

(2) 把缸内的种子平正后，盖上玻璃缸盖，然后慢慢地将它向一侧倾倒，使种子形成一个斜面而与水平面成一定角度 α，即为静止角。测量静止角时注意玻璃缸中种子量。

(3) 用量角器测量这个角度并记录。

（4）用相同的方法重复 3 次，取平均值。

2. 自流角的测定

（1）称取净种子 10g，平摊置于玻璃板的一端。

（2）将玻璃板有种子的一端慢慢抬起，使种子滚落，当种子开始滚落时记下玻璃板与水平面所成角度，为始角。

（3）再继续升高玻璃板，记下种子绝大部分滚落时所成角度，为终角。

（4）始角与终角范围内的角度为自流角，应注意自流角测量的终角为绝大部分种子滚落时的角度，而不是全部种子滚落时的角度。

（5）用相同的方法重复 3 次，取平均值。

3. 种子对仓壁侧压力的计算 根据测得的有关数据，计算公式为：

$$P=1/2mgh^2\tan^2(45°-\alpha/2)$$

式中，P 为每米宽度仓壁上所承受的侧压力（N/m）；m 为种子容重（g/L 或 kg/m^3）；g 为重力加速度（9.806 65m/s^2）；h 为种子堆积高度（m）；α 为种子静止角（°）。

五、实验结果与思考

1. 测定静止角、自流角，计算侧压力。
2. 种子水分高低与静止角有何关系？对种子的散落性有何影响？

实验二 种子千粒重、容重和比重的测定

一、实验目的

1. 掌握种子千粒重、容重和比重的测定方法。
2. 通过种子容重和比重测算种子的密度和孔隙度。

二、实验原理

种子千粒重就是测定 1 000 粒种子的重量。千粒重是衡量种子质量的重要指标，对衡量不同来源的同一作物品种品质具有一定参考价值，但对于不同品种的种子只能用于评价品种特性，不能用于评定品种品质。因此，还需要通过测定种子的容重和比重来指导实践。

种子容重是指单位容积内种子的绝对重量，而比重是指一定体积的种子重量与同体积水的重量之比，也就是种子的绝对重量和绝对体积之比。种子容重和比重间的差异主要源于种子间的空隙，因此可以通过容重和比重推算种了堆的密度和孔隙度.

三、实验器具与材料

1. 实验材料 玉米种子、小麦种子、水稻种子、大豆种子。

2. 实验器具 数种板、小刮板、镊子、样品盘、天平、容重器、量筒、小烧杯、乙醇等。

四、实验内容与步骤

1. 千粒重的测定

（1）千粒法。在净种子中随机数取两份种子，大粒种子每份500粒，中小粒种子每份1 000粒。称重后折算成千粒重。两次重复间允许差距不超过5%，超过时应做第3次重复，取差距不超过5%的两份试样的平均值作为测定结果。

（2）百粒法。从净种子中数取试样8份（100粒/份），称重（小数位数与净度分析相同）后，计算8个重复的方差、标准差及变异系数，变异系数不超过规定值（4.0），换算成千粒重，最后折算成规定水分（13%）的千粒重。使用百粒法进行千粒重测定时，带有稃壳的禾本科作物种子变异系数不超过6.0。

种子千粒重（规定水分）＝实测千粒重×（1－实测水分）/（1－规定水分）

2. 容重的测定 采用排气式容重测定法。在净种子中随机取样，每一样品测定2次，允许差距为5g/L，求2次结果平均值，即容重，结果保留整数。

3. 比重的测定 取有精细刻度的5～10mL小量筒，内装50%乙醇（或水），记下液体所达到的刻度，然后称取3～5g净种子样品，放入量筒中，再观察液体平面升高的刻度，即为该种子样品的体积，求出种子比重。利用排水法进行种子比重测定时，初始加入的50%乙醇（或水）约占量筒体积的1/3，不宜过多或过少（3次重复，结果保留两位）。

4. 计算种子密度和孔隙度

种子密度＝容重/比重×10

种子孔隙度＝1－种子密度

五、实验结果与思考

1. 填写种子重量测定记录表（表73）。

表73 种子重量测定记录表

<table>
<tr><td colspan="2">样品登记号</td><td colspan="2"></td><td>作物名称</td><td colspan="2"></td><td colspan="3">品种（组合）名称</td><td colspan="2"></td></tr>
<tr><td colspan="2">规定水分（%）</td><td colspan="2"></td><td>实测水分（%）</td><td colspan="2"></td><td colspan="3">检验方法</td><td colspan="2"></td></tr>
<tr><td rowspan="3">百粒法</td><td>重复</td><td>Ⅰ</td><td>Ⅱ</td><td>Ⅲ</td><td>Ⅳ</td><td>Ⅴ</td><td>Ⅵ</td><td>Ⅶ</td><td>Ⅷ</td><td>实测千粒重（g）</td><td>规定水分千粒重（g）</td></tr>
<tr><td>重量</td><td></td><td></td><td></td><td></td><td></td><td></td><td></td><td></td><td rowspan="2"></td><td rowspan="2"></td></tr>
<tr><td>平均百粒重（g）</td><td colspan="2"></td><td>标准差（S）</td><td colspan="2"></td><td colspan="2">变异系数（C）</td><td></td></tr>
<tr><td colspan="2">检测依据</td><td colspan="10"></td></tr>
</table>

2. 计算种子容重、比重、密度、孔隙度。
3. 种子含水量与比重和容重有何关系？

实验三　种子加工平台操作

一、实验目的

1. 了解各种子加工平台的基本结构和原理。
2. 掌握各平台的工作流程，并上机操作。

二、实验原理

种子加工是指种子收获到播种前对种子采取各种处理工序，把种子加工成商品种子的工艺过程，包括清选、干燥、分级、种子处理和包衣、种子包装等。

种子清选精选原理：种子清选精选可根据种子尺寸大小、种子比重、空气动力学特性、种子表面特性、种子颜色和种子静电特性的差异进行分离，以清除掺杂物和废料。种子包衣是把种子放入包衣机内，通过机械作用把种衣剂均匀包裹在种子表面的过程。丸化种子则是定时、定量加入各种成分在丸衣罐内使种子滚动至一定体积再过筛、染色，最后完成丸化。

三、实验器具与材料

1. 实验材料　玉米种子或小麦种子。

2. 实验器具　种子清选平台、比重选平台、种子分级选平台、丸化机平台、包衣机平台、台秤。

四、实验内容与步骤

1. 教师集中讲解每个种子加工平台的基本结构和原理，明确要求、统一标准，并进行操作示范。注意种子加工平台各仪器设备的用电安全和操作规范。

2. 2～3 人一组，每组清选 50kg 种子，统计各排出口样品的好种子的重量。

五、实验结果与思考

1. 根据筛选结果计算。

获选率＝主排出口样品的好种子重量/各排出口样品的好种子重量之和×100％

破损率＝各排出口样品中破碎种子量总和/各排出口样品量总和×100％－原始种子破损率

分级合格率＝测定样品种子合格量/样品种子量×100％

2. 思考为何在种子清选时对筛孔的选择必须符合“上大、下小”的原则？

3. 在种子加工平台操作过程中，应注意什么？